Carmen Hille

Entwicklung eines Verfahrens zum Fügen von Keramikkomponenten

Carmen Hille

Entwicklung eines Verfahrens zum Fügen von Keramikkomponenten

Elektrisch leitfähige Keramikbaugruppen für die Hochtemperatur-Energietechnik

Südwestdeutscher Verlag für Hochschulschriften

Impressum / Imprint

Bibliografische Information der Deutschen Nationalbibliothek: Die Deutsche Nationalbibliothek verzeichnet diese Publikation in der Deutschen Nationalbibliografie; detaillierte bibliografische Daten sind im Internet über http://dnb.d-nb.de abrufbar.

Alle in diesem Buch genannten Marken und Produktnamen unterliegen warenzeichen-, marken- oder patentrechtlichem Schutz bzw. sind Warenzeichen oder eingetragene Warenzeichen der jeweiligen Inhaber. Die Wiedergabe von Marken, Produktnamen, Gebrauchsnamen, Handelsnamen, Warenbezeichnungen u.s.w. in diesem Werk berechtigt auch ohne besondere Kennzeichnung nicht zu der Annahme, dass solche Namen im Sinne der Warenzeichen- und Markenschutzgesetzgebung als frei zu betrachten wären und daher von jedermann benutzt werden dürften.

Bibliographic information published by the Deutsche Nationalbibliothek: The Deutsche Nationalbibliothek lists this publication in the Deutsche Nationalbibliografie; detailed bibliographic data are available in the Internet at http://dnb.d-nb.de.

Any brand names and product names mentioned in this book are subject to trademark, brand or patent protection and are trademarks or registered trademarks of their respective holders. The use of brand names, product names, common names, trade names, product descriptions etc. even without a particular marking in this works is in no way to be construed to mean that such names may be regarded as unrestricted in respect of trademark and brand protection legislation and could thus be used by anyone.

Coverbild / Cover image: www.ingimage.com

Verlag / Publisher:
Südwestdeutscher Verlag für Hochschulschriften
ist ein Imprint der / is a trademark of
AV Akademikerverlag GmbH & Co. KG
Heinrich-Böcking-Str. 6-8, 66121 Saarbrücken, Deutschland / Germany
Email: info@svh-verlag.de

Herstellung: siehe letzte Seite /
Printed at: see last page
ISBN: 978-3-8381-3700-1

Zugl. / Approved by: Dresden, TU, Diss., 2013

Copyright © 2013 AV Akademikerverlag GmbH & Co. KG
Alle Rechte vorbehalten. / All rights reserved. Saarbrücken 2013

Inhaltsverzeichnis

Inhaltsverzeichnis 1
Abstract 3
Formelzeichen und Abkürzungen 5
Abbildungsverzeichnis 7
Tabellenverzeichnis 10
1. Einleitung 11
2. Grundlegende Betrachtungen 16
   2.1. Begriffserklärung Hochtemperatur-Energietechnik 16
   2.2. SiC-Keramik in der Hochtemperatur-Energietechnik 18
   2.3. Oxidationsverhalten von SiC-Keramiken 20
   2.4. Keramische Materialien in Kernreaktoren 23
   2.5. Keramiken mit elektrischer Leitfähigkeit 30
      2.5.1. Metallische Leitung 33
      2.5.2. Ionen- und Mischleitung 34
      2.5.3. Halbleiter 36
      2.5.4. Isolatoren 40
   2.6. Fügemöglichkeiten für Hochtemperaturanwendungen 43
      2.6.1. Form- und kraftschlüssige Verbindungen 44
      2.6.2. Stoffschlüssige Verbindungen 45
   2.7. Fügen von Keramik mit Diodenlaserstrahlung 53
      2.7.1. Diodenlaserstrahlung 54
      2.7.2. Temperaturfeldmodulation Diodenlaserstrahlung 56
      2.7.3. Optische Materialkennwerte 58
      2.7.4. Optische Eigenschaften von SiC-Polytypen 61
3. Experimentelle Bedingungen für das Laserfügen 65
   3.1. Verwendete elektrisch leitfähige SiC-Keramiken 66
      3.1.1. Stoffwerte und Eigenschaften der Keramiken 66
      3.1.2. Probengeometrien der keramischen Komponenten . 71
   3.2. Geräte und Vorgehensweise der Glaslotherstellung 76
      3.2.1. Rohstoffe und Zusammensetzung 76
      3.2.2. Synthese der oxidischen Ausgangsstoffe 79
      3.2.3. Gerätetechnische Ausstattung zur Lotherstellung 80

- 3.2.4. Eigenschaftsbestimmung der hergestellten Glaslote 81
- 3.3. Gerätetechnische Ausstattung zum Laserstrahlfügen 84
  - 3.3.1. Lasertechnik und optische Komponenten 84
  - 3.3.2. Halte- und Rotationsvorrichtung zum Fügen 86
  - 3.3.3. Kontrolle des Fügeprozesses 89
- 3.4. Charakterisierungsmethoden der Fügeverbindungen 98
  - 3.4.1. Mikroskopische Untersuchungen 98
  - 3.4.2. Mechanische Festigkeit 100
  - 3.4.3. Ermittlung des spezifischen Widerstandes 103
  - 3.4.4. Heiztests der gefügten Verbindungen 104
- 4. Untersuchungsergebnisse der Keramikfügungen 107
  - 4.1. Ergebnisse zu den Glasloten 108
    - 4.1.1. Eigenschaften der Glaslote 108
    - 4.1.2. Erhöhung der elektrischen Leitfähigkeit 115
    - 4.1.3. Verteilung der elektrisch leitfähigen Partikel 118
    - 4.1.4. Benetzungsverhalten des Lotes 126
    - 4.1.5. Verträglichkeit mit organischen Molekülen 130
  - 4.2. Aufheizverhalten unter Laserbestrahlung 130
    - 4.2.1. Einfluss der Laserleistung 132
    - 4.2.2. Einfluss der Rotationsgeschwindigkeit 134
    - 4.2.3. Einfluss der Mehrfachbestrahlung 137
    - 4.2.4. Gleichmäßiger Energieeintrag 140
    - 4.2.5. Simulationsergebnisse zum Aufheizverhalten 143
    - 4.2.6. Spektrale Antwortstrahlung der Keramiken 146
  - 4.3. Ergebnisse der Fügeversuche 148
    - 4.3.1. Mechanische Festigkeit 148
    - 4.3.2. Spezifischer elektrischer Widerstand 157
    - 4.3.3. Verbindungen aus mindestens drei Segmenten 163
    - 4.3.4. Verwendung der großformatigen Bauteile 165
- 5. Zusammenfassung und Ausblick 179
- 6. Literaturverzeichnis 184

Abstract

Eine weitere Steigerung der thermodynamischen Effizienz kraftwerkstechnischer Anlagen kann unter Ausnutzung des Carnot-Effektes über die Erhöhung der maximalen Einsatztemperatur erzielt werden. Insbesondere für den Einsatz bei hohen Temperaturen und in korrosiven Atmosphären sind keramische Werkstoffe prädestiniert. So kann Siliciumcarbid (SiC) durch gezielte Dotierung so modifiziert werden, dass es sich zur Herstellung keramischer Heizer eignet. Siliciumcarbidkeramiken sind darüber hinaus unempfindlich gegen radioaktive Strahlung. Durch diesen Eigenschaftsvektor empfehlen sie sich als Ausgangsmaterial für ein breites Spektrum an Funktionselementen für die Hochtemperatur-Energietechnik. So sind prinzipiell vollkeramische Baugruppen möglich, die aus einem thermoelektrischen Generator und einem Sensor bestehen und dadurch in der Lage sind, ohne externe Stromversorgung auch unter extremen Bedingungen im Hochtemperaturbereich zuverlässig Messsignale zu liefern. Das Ziel der hier vorliegenden Arbeit ist es, eine Möglichkeit aufzuzeigen, wie die modifizierten Nichtoxid-Keramiken mittels einem laserinduzierten Lötverfahren elektrisch leitfähig verbunden werden können umso komplexe Baugruppen aufzubauen. Speziell entwickelte Lote sind genau auf die zufügenden Keramiken abgestimmt (physikalische Wechselwirkungen, chemische Reaktionen, mechanische Verankerung) und gewährleisten so die notwendige elektrische Leitfähigkeit bis zu hohen Temperaturen. Die gemessenen Festigkeitswerte der gefügten Proben liegen im Bereich von 120 – 170 MPa (ca. 70 % des Ausgangsmaterials). Anhand von Widerstandsmessungen konnte kein signifikanter Abfall der elektrischen Leitfähigkeit im Bereich der Fügezone festgestellt werden. Die gewonnenen Ergebnisse zeigen, dass die hier eingesetzte Laserfügetechnologie gut geeignet ist, um mittels Hochtemperaturlöten elektrisch leitfähige Keramiken mit einander zu verbinden. Dies eröffnet neue Möglichkeiten zur kostengünstigen und effizienten Herstellung einer ganzen Palette von Hochtemperatursensoren, wie sie in der Energietechnik und vor allem im Bereich der Hochtemperaturreaktortechnik benötigt werden.

abtract

A further increase of thermodynamic efficiency of power plants can be achieved by increasing the maximum operating temperature, making use of the Carnot effect. Ceramic materials are predestined, in particular, for use at high temperatures and in corrosive atmospheres. Silicon carbide (SiC) can, for instance, be modified by targeted doping to make it suitable for the production of ceramic heaters. In addition, silicon carbide ceramics are insensitive to radioactive radiation. This property vector recommends them as a starting material for a wide range of functional elements in high-temperature power engineering. Feasible, in principle, are all-ceramic assemblies which consist of a thermoelectric generator and a sensor and which are therefore able to provide reliable measurement signals also under extreme conditions in the high-temperature range without external power supply. The work presented here shows by way of specific examples how the modified non-oxide ceramics are joined in a laser joining process so that they are electrically conductive and how thus complex assemblies can be built. Specially developed brazing fillers were fine-tuned to the ceramics to be joined in terms of their physical interactions, chemical reactions and ability to bond or key chemically and mechanically with the ceramic surfaces, thus ensuring the necessary electrical conductivity up to high temperatures. The measured four-point bending strength values of the joined samples are in the range between 120 and 170 MPa (approx. 70 % of the starting material). In resistance measurements no significant electrical conductivity drop was found in the joint area. The gained results show that the high-temperature laser joining technology used here is well-suited to provide electrically conductive ceramics with high-temperature resistant properties. This opens up new possibilities for the cost-effective and efficient manufacture of an entire range of high-temperature sensors, as they are required in power engineering and, above all, in the field of high-temperature reactor engineering.

Formelzeichen und Abkürzungen

α	thermische Ausdehnung	/ K
ε	Emissionswert	-
η	Viskosität	Pa s
η_C	Carnot-Wirkungsgrad	-
λ	Wärmeleitfähigkeit	W / mK
λ	Wellenlänge	m
ρ	Dichte	kg / m³
σ	Stefan-Boltzmann-Konstante = 5,670 · 10⁻⁸	W / m²K⁴
σ	Festigkeit	MPa
σ_0	Referenzfestigkeit	MPa
σ	Leitfähigkeit	S / m
ω	Rotationsgeschwindigkeit	mm / min
A	Fläche	m²
A	Absorption	%
B/b	Breite	m
c_P	spezifische Wärmekapazität	J / kgK
cw	continues waves	-
D/d/ø	Durchmesser	m
D_a	Außendurchmesser	m
D_i	Innendurchmesser	m
E_0	Energiewert	eV
f	Fokuslage	mm
F	Bruchkraft	N
H/h	Höhe	m
h_i	Bruchwahrscheinlichkeit	-
I	Leistungsflussdichte der Laserstrahlung	W / cm²
k	Wärmeleitfähigkeit (im FEM-Code Comsol)	W / mK
L/l	Länge	m

ΔL/Δl	Längendifferenz	m
m	Weibullmodul	-
n	Anzahl der Proben	-
p	Druck	bar
P	Laserleistung	W
P_{O2}	Sauerstoffpartialdruck	bar
R/r	Radius	m
R	Reflexion	%
R	spezifischer elektrischer Widerstand	Ωcm
R_m	Zeitstandfestigkeit	N/mm²
s	Länge	m
T	Transmission	%
T	Temperatur	°C, K
T_c	Curie-Temperatur	°C, K
T_k	Kristallisationstemperatur	°C, K
T_{sch}	Schmelztemperatur	°C, K
ΔT	Temperaturdifferenz	K
t	Zeit	s, min, h
V	Volumen	m³
v_a	Aufheiz- /Abkühlgeschwindigkeit	K/s
v_s	Scangeschwindigkeit	m/s
x	Absorptionstiefe	m

Abbildungsverzeichnis

Abbildung 1	Temperaturabhängigkeit des Carnot-Wirkungsgrades	17
Abbildung 2	Thermochemische Beziehung für aktive und passive Oxidation von SiC	21
Abbildung 3	Temperaturabhängige Festigkeiten von Metall und SiC-Keramiken	26
Abbildung 4	Werkstoffbeanspruchung und Schädigungsmechanismen nach [KIE, 10]	27
Abbildung 5	Bändermodell zur Beschreibung der Leitfähigkeit	31
Abbildung 6	Bereiche der Leitungsmechanismen im Halbleiter	38
Abbildung 7	Fügeverfahren von keramischen Werkstoffen nach [BOR, 88]	44
Abbildung 8	Darstellung der Laserleistungsverteilung	55
Abbildung 9	Strahlungsvorgänge an einem Volumenelement [BÖR, 10]	60
Abbildung 10	Messvorrichtung Reflexion und Transmission [BÖR, 10]	63
Abbildung 11	Spezifische Widerstände der verwendeten Werkstoffe	70
Abbildung 12	Laserabsorption und –reflexion von SiC-Keramik	70
Abbildung 13	Ternäres Stoffsystem von Y_2O_3-SiO_2-Al_2O_3	77
Abbildung 14	Aufheizregime zum Aufschmelzen der Glaslote	80
Abbildung 15	Vakuumkammer mit Laserstrahl- und Thermokamerasichtfenster	81
Abbildung 16	Hochleistungsscanner der Fa. Scanlab	86
Abbildung 17	Haltevorrichtung für kleinformatige rechteckige Probekörper	87
Abbildung 18	Haltevorrichtung für kleinformatige rotationssymmetrische Proben	88
Abbildung 19	3D-Ansicht der neuen Rotationsvorrichtung [solid works]	88
Abbildung 20	Versuchsaufbau zur Bestimmung der Emissivität von SiC bis 1050 °C	91
Abbildung 21	Aufbau 3D-Lasermikroskop der Fa. Keyence VK-9000 [KEY, 11]	99
Abbildung 22	Versuchsanordnung der 4-Punkt-Biegebruchprüfung	100
Abbildung 23	Weibull-Verteilungsfunktion der Bruchspannungen	102
Abbildung 24	Aufbau Bestimmung des spezifisch elektrischen Widerstandes	103
Abbildung 25	Elektroden des Heizleiters (Übergangskeramik) und Anschlüsse	104
Abbildung 26	Versuchsaufbau der Heizrohr-Tests	105
Abbildung 27	Position des Thermoelementes während der Heizversuche	106
Abbildung 28	Optimierungkreis der Fügeeigenschaften	107
Abbildung 29	Thermische Ausdehnungskoeffizienten von Lot und Keramiken	111
Abbildung 30	DTA/TG – Analyse des Glaslotes YSiAl_1/1500 [KNO, 02]	112
Abbildung 31	Phasengleichgewichtsberechnung des Lotes YSiAl_1 [KNO, 02]	114
Abbildung 32	SiC-Probekörper mit elektrisch leitfähigen Brücken (Graphit)	115
Abbildung 33	EDX-Spektren der Fügenaht zur Elementbestimmung	119
Abbildung 34	Ungleichmäßige Verteilung der leitfähigen Partikel im Grundlot	120
Abbildung 35	Referenzprobe; links: 20-er Objektiv, rechts: 50-er Objektiv	122
Abbildung 36	10 min US-Bad bei 80 °C; links: 20-er Objektiv, rechts: 50-er Objektiv	122
Abbildung 37	10 min Magnetrührwerk; links: 20-er Objektiv, rechts: 50-er Objektiv	122
Abbildung 38	Mischmahlen in P6; links: 20-er Objektiv, rechts: 50-er Objektiv	122
Abbildung 39	Mechan. Aktivieren in P6; links: 20-er Objektiv, rechts: 50-er Objektiv	123
Abbildung 40	Nassmischen im US-Bad; links: 20-er Objektiv, rechts: 50-er Objektiv	123
Abbildung 41	Schlechte Verteilung der $MoSi_2$-Partikel im Grundlot (Trockenmischen)	124
Abbildung 42	Bessere Verteilung der $MoSi_2$-Partikel im Grundlot (Trockenmischen)	125

Abbildung 43 Gute Verteilung der MoSi$_2$-Partikel im Grundlot (Nassmischen)	125
Abbildung 44 Mischgüte des Grundlotes mit leitfähigen Additiven	126
Abbildung 45 Randbereich einer Fügenaht einer SSiC-Schliffprobe	126
Abbildung 46 Fügezone der gefügten Biegestäbe	127
Abbildung 47 Übergangsbereich Glaslot – SSiC-Keramik	128
Abbildung 48 Benetzungsverhalten in unvollständig ausgefülltem Fügespalt	128
Abbildung 49 Ausschnitt Fügenaht einer SSiC-SSiC-Verbindung	129
Abbildung 50 Aufheizverhalten der Werkstoffe bei konstanter Laserleistung	131
Abbildung 51 Aufheizkurven mit Laserleistungsvariation für SSiC	132
Abbildung 52 Aufheizkurven mit Laserleistungsvariation für Kompositkeramik	133
Abbildung 53 Aufheizkurven mit Laserleistungsvariation für LPSSiC	134
Abbildung 54 Wärmebildaufnahmen bei unterschiedlichen Drehgeschwindigkeiten	136
Abbildung 55 Streuung des Aufheizverhaltens von LPSSiC-Proben	137
Abbildung 56 Streuung des Aufheizverhaltens von SSiC-Proben	138
Abbildung 57 Streuung des Aufheizverhaltens von Komposit-Proben	139
Abbildung 58 Verlauf der Proben-Oberflächentemperatur bei Blasenbildung	140
Abbildung 59 Wärmeeintrag laserzu- und laserangewandte Seite der SiC-Probe	141
Abbildung 60 Probekörper und Simulation des Laserstrahls als Wärmequelle	143
Abbildung 61 Temperaturprofile über die y-Achse der Proben	144
Abbildung 62 Vergleich der Temperaturausbreitung zwischen Platte und Rohr	145
Abbildung 63 Temperaturdifferenzen von verschiedenen Rotationsgeschwindigkeiten	146
Abbildung 64 Antwortspektrum Diodenlaserstrahlung von SSiC und Komposit	147
Abbildung 65 Antwortspektren von SSiC bei unterschiedlichen Temperaturen	148
Abbildung 66 Weibull-Verteilungsfunktion der Bruchspannungen von LPSSiC	149
Abbildung 67 Lineare Regression der LPSSiC-Verbindungen	150
Abbildung 68 Weibull-Verteilungsfunktion der Bruchspannungen von SSiC	153
Abbildung 69 Lineare Regression der SSiC-Verbindungen	153
Abbildung 70 Bruchflächen der SSiC-Biegestäbe	154
Abbildung 71 Lineare Regression der SSiC-Komposit Verbindungen	156
Abbildung 72 Spezifische Widerstände bei Raumtemperatur	160
Abbildung 73 Widerstandmessung von SSiC-Komposit-Verbindungen	162
Abbildung 74 Widerstandsmessungen von Komposit-Komposit-Verbindungen	162
Abbildung 75 Fügeverbindung aus drei SSiC-Röhrchen	163
Abbildung 76 SSiC-Steckverbindung mit vergrößertem Nahtausschnitt	164
Abbildung 77 Gefügter Testheizleiter mit drei Fügenähten	165
Abbildung 78 Labortiegel zum Test der Heizer-Funktionalität	166
Abbildung 79 Eingespannte Heizleitersegmente vor dem Fügeprozess	166
Abbildung 80 Gefügter, vollkeramischer LPSSiC-Heizleiter	167
Abbildung 81 Positionierung der beiden Diodenlaser auf den Keramikrohren	168
Abbildung 82 Optimierter Energieeintrag zum Fügen der Rohrsysteme	169
Abbildung 83 Lasergefügter vollkeramischer Heizleiter	170
Abbildung 84 Heiztest eines lasergefügten Heizrohres	171
Abbildung 85 Prozessbedingte Verfärbungen an den Heizleitern	172
Abbildung 86 Positionen der Linien zur Bestimmung der Temperatur-Profildiagramme	173

Abbildung 87 Temperaturdifferenz zwischen Linescan mit und ohne Hot Spot 173
Abbildung 88 SSiC-Verdampferrohr in Demonstrationsanlage 174
Abbildung 89 Heizrohr im Versuchsstand mit Wärmebild bei T_{max} = 200 °C 175
Abbildung 90 Vollständiger Heizleiter aus LPSSiC mit Anschlusselementen 176
Abbildung 91 SiC-SiC-Mittelnaht des keramischen Heizleiters 176
Abbildung 92 LPSSiC-Komposit-Verbindung des Heizleiters 177
Abbildung 93 Lasergefügtes Heizrohr (SSiC-SSiC), mangelhafte Nahtqualität 177
Abbildung 94 Lasergefügtes Heizrohr (SSiC-SSiC), gute Nahtqualität 178
Abbildung 95 Lasergefügtes Heizrohr (SSiC-Komposit), gute Nahtqualität 178
Abbildung 96 Lasergefügtes Heizrohr (Verdampfer), gute Nahtqualität 178

Tabellenverzeichnis

Tabelle 1 Korrosionsbeständigkeit von verschiedenen Keramiken nach [NIT, 04] 23
Tabelle 2 Stabilitätskriterien eines VHTR und deren Werkstoffanforderungen 25
Tabelle 3 Zielwerte des VHTR [BEH, 04] 26
Tabelle 4 Verwendung keramischer Materialien in der Kernreaktortechnik [SAL, 83] 27
Tabelle 5 Einteilung keramischer Werkstoffe in Klassen unterschiedlicher Leitfähigkeit 33
Tabelle 6 Anwendungen Keramiken mit metallischer Leitung [HEL, 01-2] 34
Tabelle 7 Typische keramische Ionenleiter 35
Tabelle 8 Anwendungen von keramischen Halbleitern 38
Tabelle 9 Vergleich keramischer Isolatorwerkstoffe für die Hochspannungstechnik 41
Tabelle 10 Unterteilung der Lötverfahren anhand der Lotschmelzbereiche 49
Tabelle 11 Laserstrahlführungen zur Ermittlung des optimalen Energieeintrages 57
Tabelle 12 Laserabsorption von den SiC-Polytypen 6H, 3C und 4H [SHA, 08] 62
Tabelle 13 Phasengehalt der modifizierten LPSSiC-Keramik 67
Tabelle 14 Eigenschaften des modifizierten LPSSiC-Werkstoffes 67
Tabelle 15 Eigenschaften der für Heizleiteranwendungen optimierten SSiC-Werkstoffe 68
Tabelle 16 Eigenschaften der optimierten Komposit-Werkstoffe 69
Tabelle 17 Geometrie, Abmessungen und Laserparameter der kleinformatigen Proben 73
Tabelle 18 Geometrie und Abmessungen der verwendeten großformatigen Bauteile 74
Tabelle 19 Zusammensetzung der ausgewählten Grundlote 76
Tabelle 20 Schritte der Lotherstellung 79
Tabelle 21 Technische Daten der verwendeten Diodenlaser 85
Tabelle 22 Technische Daten der verwendeten Thermokamera 90
Tabelle 23 Übersicht über die Modelle zur Beschreibung des Laserstrahlfügens 93
Tabelle 24 Relevante Material- und Prozessparameter für die COMSOL-Modellierung 95
Tabelle 25 Temperaturabhängige Wärmeleitfähigkeitsfunktionen für COMSOl 96
Tabelle 26 Dichtewerte der verwendeten Materialien für COMSOL 96
Tabelle 27 Temperaturabhängige spez. Wärmekapazität für COMSOL 97
Tabelle 28 Erhitzungsmikroskopische Untersuchung des Glaslotes YSiAl_1 108
Tabelle 29 Erhitzungsmikroskopische Untersuchung des Glaslotes YSiAl_2 109
Tabelle 30 Erhitzungsmikroskopische Untersuchung des Glaslotes YSiAl_4 109
Tabelle 31 Erhitzungsmikroskopische Untersuchung des Glaslotes YSiAl_15 110
Tabelle 32 Phasenbestand der Lote YSiAl_1, _2 und _4 113
Tabelle 33 Ergebnisse der Schmelzversuche mit elektrisch leitfähiger Komponente 116
Tabelle 34 Bestrahlungszeit der Proben zum Erreichen von 1500 °C 135
Tabelle 35 Schmelzfortschritt im Fügespaltquerschnitt mit verschiedenen Scan-Figuren ...142
Tabelle 36 Auswertung der Weibull-Verteilung der LPSSiC-Verbindungen 149
Tabelle 37 Auswertung der Weibull-Verteilung der SSiC-Verbindungen 152
Tabelle 38 Auswertung der Weibull-Verteilung der SiC-Komposit-Verbindungen 155
Tabelle 39 Spezifischer Widerstand der gefügten Proben bei Raumtemperatur 158
Tabelle 40 Auslegung des Labortiegels 166
Tabelle 41 Unterschiedliche Erscheinungsformen der Hot Spots 172

1. Einleitung

Das im Juni 2011 beschlossene Konzept der Energiewende der Bundesregierung sieht vor, eine zuverlässige, wirtschaftliche und umweltverträgliche Energieversorgung in den nächsten Jahrzehnten für Deutschland zu gewährleisten. Die Forderung nach einem hohen Maß an Versorgungssicherheit, wirksamen Klima- und Umweltschutz sowie eine wirtschaftlich tragbare Energieversorgung ist ohne eine Steigerung der Energieeffizienz in der Industrie kaum möglich. Eine zukunftsfähige und nachhaltige Energieversorgung und –nutzung, kann nach den Bundesministerien für Wirtschaft und Technologie (BMWi) und Umwelt, Naturschutz und Reaktorsicherheit (BMU) nur gelingen, wenn der Primärenergieverbrauch deutlich gesenkt wird[1] [BUN, 10]. Folgende Maßnahmen sind laut [BUN, 10] dabei im Mittelstand und in der Industrie umzusetzen:

- Unterstützung der Markteinführung hocheffizienter Querschnittstechnologien
  (z. B. Motoren, Pumpen, Kälteanlagen),
- Anpassung der Energiemanagementsysteme an betriebliche Erfordernisse, insbesondere für Klein- und Mittelständige Unternehmen,
- Optimierung energieintensiver Prozesse im produzierenden Gewerbe,
- Verbreitung und Verstärkung der Exportinitiative der Bundesregierung im Bereich Energieeffizienz,
- Schaffung von Netzwerken innerhalb von Industrie und Wirtschaft gemeinsam mit den Einrichtungen der Wirtschaft,
- Verstärkung der Förderung für besonders innovative Technologien zur Steigerung der Energieeffizienz;

da die weltweit steigende Energienachfrage langfristig zu deutlich höheren Energiepreisen führen wird. Bei energieintensiven Prozessen kann eine Steigerung des Carnot'schen Wirkungsgrades zu erheblichen Vorteilen führen. Gerade die Tendenz, chemische Prozesse und Anlagen bei immer höheren Temperaturen zu betreiben, erfordert eine Neu- bzw.

---

[1] Bis zum Jahr 2050 wird eine Senkung um 50 % gegenüber dem Jahr 2008 angestrebt.

Weiterentwicklung von Werkstoffen [JUN, 88]. Da metallische Bau- und Funktionselemente in einem Temperaturbereich von T = 800 bis 1600 °C nur sehr eingeschränkt eingesetzt werden können, stehen keramische Materialien im Fokus der Forschungs- und Entwicklungsarbeiten. Neue Anwendungen für keramische Hochleistungswerkstoffe ergeben sich als Wärmetauscher in allen Industriezweigen bei denen Energie zum Beispiel als Abwärme anfällt, da insbesondere die chemische Industrie, Metallurgie, Keramik- und Glasindustrie sowie die Energieerzeugung derzeit lediglich ca. 60 % der eingesetzten Primärenergie für ihre Verarbeitungs- und Energieumwandlungsprozesse nutzen. Darüber hinaus ist es mit Hilfe von neuartigen Mehrkomponentenwerkstoffen möglich, energieautarke Überwachungen und Steuerungen für thermische Prozesse zu realisieren. Mobile thermoelektrische Module können zusätzlich im Automobilbereich eingesetzt werden, in dem derzeit lediglich 30 % der eingesetzten Primärenergie genutzt wird. Mit Blick auf steigende Energiepreise und der Notwendigkeit zur Reduzierung des CO_2-Ausstoßes ergibt sich für Keramik eine enorme Anzahl von Einsatzmöglichkeiten. Auch keramische Heizelemente können zu einem effizienteren Energieeinsatz bei der Beheizung industrieller Fertigungsanlagen führen. Durch einen verbesserten Energietransfer von der Heizquelle (Heizelement) zum Medium, werden Transportverluste um 20 - 80 % gesenkt. Volkswirtschaftlich besonders interessant sind energieintensive Verfahren, wie zum Beispiel Aluminiumgussanlagen oder die Stahlherstellung. Dabei ist es für viele Anwendungen wichtig, auch größer dimensionierte Bauteile einsetzen zu können. Für monolithische keramische Produkte sind die Bauteilgrößen von mehr als einem Meter nicht oder nur mit extrem großem Aufwand und Kosten zu erreichen. Konform mit der ständigen Weiterentwicklung und dem damit verbundenen steigenden Einsatz technischer Keramik wächst seitens der Industrie die Nachfrage nach komplizierten und geometrisch exakten Körpern, ohne Einbuße der hervorragenden Eigenschaften des Materials. Bisherige Entwicklungen auf dem Gebiet der Formgebung oder auf der Grundlage konventioneller Fügetechniken konnten nur eingeschränkt zur Lösung der Problematik beitragen. Es sind Fügetechniken gefordert, die sich durch Präzision, Flexibilität und niedrige Taktzeiten auszeichnen und die Herstellung von Bauteilen ermöglichen, ohne die Eigenschaften der Keramik in unzulässiger Weise herabzusetzen. Erst mit einer geeigneten Verbundtechnik werden variable Bauteilgrößen und -formen erreicht, wodurch sich Rentabilität und Effizienz in künftigen Anwendungen sichern lassen. Ein Laser ist durch seine hohe Leistungsflussdichte, seiner präzisen Arbeitsweise, Flexibilität und Arbeitsgeschwindigkeit das prädestinierte Werkzeug zur Lösung der Anforderungen.

An der Professur für Wasserstoff- und Kernenergietechnik der TU Dresden werden seit circa 10 Jahren laserbasierte Fügeverfahren für Keramiken entwickelt, die insbesondere für die Verwendung im nuklearen Bereich interessant sind. Allgemein sind Keramiken außerordentlich widerstandsfähig gegen abrasive und viele chemisch aggressive Medien. Insbesondere Siliciumcarbid-Keramik (SiC) ist im Vergleich zu vielen anderen Materialien darüber hinaus auch resistent gegen radioaktive Strahlung und kann als Konstruktionswerkstoff in kraftwerkstechnischen Anlagen eingesetzt werden.

Im Fokus dieser Arbeit steht speziell die Weiterentwicklung des laserinduzierten Fügeverfahrens für elektrisch leitfähige Keramikkomponenten. Damit kann es gelingen, spezielle Bauteile, die ein direktes elektrisches Beheizen von Hochtemperatur-Baukomponenten gestatten, zu fertigen. SiC-Keramik verfügt über einen hohen kovalenten Bindungsanteil (etwa 88 %). Da es keine Schmelzphase ausbildet, wird es notwendig ein geeignetes Lotsystem zu entwickeln, welches in der Größenordnung der elektrischen Leitfähigkeit der Keramik liegt. Die keramischen Bauteile werden mittels Laserstrahlung auf die zum Schmelzen des Lotes notwendigen Temperaturen erwärmt. Die Auswahl der Lote hängt von der gewünschten Einsatztemperatur ab. Besondere Aufmerksamkeit wird dem thermischen Ausdehnungskoeffizienten des Lotes geschenkt, der über den gesamten Temperaturbereich (Einsatztemperatur bis Fließtemperatur des Glaslotes) weitestgehend mit dem Ausdehnungskoeffizient der Keramik übereinstimmen muss. Des Weiteren ist eine gute Benetzung des Lotes auf der Keramikoberfläche unverzichtbar. Das Ziel der Lotentwicklung besteht darin, ein Glas-Keramik-Lot zur Verfügung zu stellen, das sowohl hinsichtlich seines thermo-mechanischen als auch seines elektrischen Verhaltens an die Eigenschaften der Keramik angepasst ist. Unter Nutzung der Ergebnisse früherer Arbeiten ([KNO, 02]) wird das Basislot aus dem System Yttrium-, Silizium- und Aluminiumoxid (Y_2O_3-SiO_2-Al_2O_3) ausgewählt. Die eutektische Temperatur dieses Systems beträgt ca. 1370 °C. Dadurch kann eine thermische Beständigkeit der Fügeverbindung oberhalb 1000 °C gewährleistet werden. Die Anpassung der elektrischen Leitfähigkeit erfolgt durch das Zumischen einer elektrisch hoch leitfähigen intermetallischen Komponente zum Basislot. Zur anschließenden Bewertung der gefügten Proben sind Untersuchungen hinsichtlich der Funktionalität der Fügeverbindungen angestellt worden, wozu die mechanische Festigkeit, die elektrische Leitfähigkeit und die Nahtqualität zählen. Nach Abschluss der erfolgreichen Fügeversuche erfolgt ein Up-scaling der Laserfügetechnologie auf großformatige Bauteile, die in weiterführenden Tests auf ihre Funktionsfähigkeit geprüft und bewertet werden.

Diese weiterentwickelte Laserfügetechnologie soll darüber hinaus für ein breites Spektrum an neuartigen Produkten die Basistechnologie darstellen, so dass damit eine ganze Produktgruppe, die mit diesen Eigenschaften bisher am Markt nicht verfügbar ist, realisierbar werden kann. Diese Produkte können maßgeblich zur Einsparung von Energie in industriellen Wärmebehandlungsprozessen beitragen. Der dabei erreichte Entwicklungsstand eröffnet darüber hinaus völlig neue Perspektiven zur Anwendung dieser Technologie auch in anderen Hochtemperatursektoren. Werden zum Beispiel Kernreaktoren der 4. Generation, wie VHTR-Anlagen[2], betrachtet, so kann die Sicherheit solcher Systeme durch die Verwendung lasergefügten Hochtemperatursensoren erhöht werden. Die Unfallserie in den japanischen Kraftwerken in Fukushima vom 11. März 2011 hat erneut gezeigt, wie wichtig eine verlässliche Messung der Temperaturen im Reaktorkern während eines Störfalles ist, um entsprechende Interventionsmaßnahmen sicher einschätzen und durchführen zu können. Gefügte Keramik-Komponenten bilden hierbei die Basis zur Herstellung neuartiger vollkeramischer funktionaler Bauelemente. So können elektrische Heizelemente aus Siliciumcarbid mit einer exakt defi-

---

[2] VHTR: Very High Temperature Reactor

nierten Leitfähigkeit hergestellt werden, die auch unter extremen Umgebungstemperaturen funktionsfähig sind. Analog dazu lassen sich auch keramische Hochtemperatursensoren konzipieren. Durch die Kombination von p- und n-leitenden Keramiken ist es darüber hinaus möglich, thermoelektrische Generatoren zur Generierung einer elektrischen Spannung aus einem Wärmestrom (Peltier-Element) zu fertigen. Durch eine funktionale Kopplung solcher Thermogeneratoren mit Messfühlern ist die Weiterentwicklung von autark arbeitenden Messfühlern für den Hochtemperaturbereich möglich, welche in der Lage sind, zuverlässig Messsignale auch ohne äußere Spannungsversorgung zu liefern.

2. Grundlegende Betrachtungen

2.1. Begriffserklärung Hochtemperatur-Energietechnik

Energietechnik ist ein Sammelbegriff für Ingenieurdisziplinen, die sich mit Technologien zur Gewinnung, Umwandlung, zum Transport, Speicherung und Nutzung von Energie in all ihren Formen beschäftigen. Im Mittelpunkt steht dabei das Bestreben, Wirkungsgrade thermischer Anlagen zu maximieren und gleichzeitig negative Begleiterscheinungen auf Mensch, Natur und Umwelt zu minimieren. Die Energietechnik ist unter anderem eng verbunden mit den Fachgebieten der Physik (Thermodynamik, Kernphysik), der Chemie (Verbrennung, Brennstoffe), dem Maschinenbau und der Elektrotechnik. In allen diesen Bereichen spielt die Auswahl von Werkstoffen eine Schlüsselrolle. Ausgehend vom Stand der Technik, müssen die eingesetzten Werkstoffe in der Kraftwerkstechnik die Eigenschaften:

- Langzeitfestigkeit bei hohen Temperaturen,
- Korrosionsfestigkeit gegenüber den Einsatzbedingungen (Atmosphären, Medien),
- thermische Elastizität,
- Fügbarkeit und
- Erosionsbeständigkeit

aufweisen. Es gibt ein ständiges Streben nach immer höherer Ausbeute kraftwerkstechnischer Anlagen. Dabei kann die Temperatur nicht unendlich gesteigert werden, da der Wirkungsgrad einer Wärmekraftmaschine durch den zweiten Hauptsatz der Thermodynamik begrenzt ist. Der theoretisch höchst mögliche Wirkungsgrad bei der Umwandlung von Wärmeenergie in z. B. elektrische Energie ist der Carnot-Wirkungsgrad η_C. Dieser lässt sich aus dem Verhältnis der höchsten Temperatur (T_1) und der niedrigsten Temperatur (T_2) nach der Formel:

$$\eta_C = \frac{T_1 - T_2}{T_1} = 1 - \frac{T_2}{T_1} \tag{1}$$

berechnen. Nach (1) ist der Carnot-Wirkungsgrad umso höher, je größer die Temperaturdifferenz zwischen T_1 und T_2 ist. In der Praxis werden je nach Kraftwerk Werte von 30 % bis 60 % des Carnot-Wirkungsgrades erreicht. Die Abbildung 1 zeigt den Zusammenhang des Carnot-Wirkungsgrades η_C und der oberen Prozesstemperatur bei verschiedenen Umgebungstemperaturen.

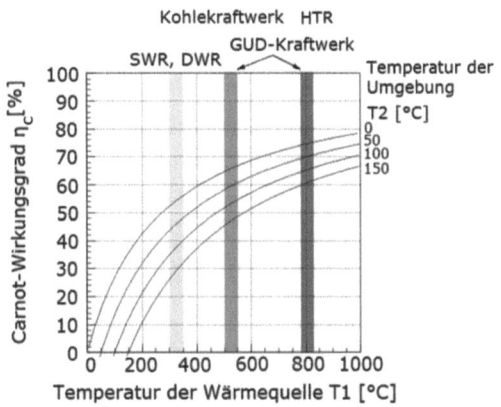

Abbildung 1 Temperaturabhängigkeit des Carnot-Wirkungsgrades

Geeignete Werkstoffe ermöglichen die Steigerung der Temperatur z. B. bei Kraftwerken und leisten einen Beitrag zur Erhöhung des Wirkungsgrades. Anwendungsbereiche von Hochtemperaturwerkstoffen sind die Antriebstechnik, die chemische Industrie, die Hüttentechnik und die Energietechnik. In der Politik wird in diesem Zusammenhang das Wort Ressourcenschonung hervorgehoben, wobei damit, unter anderem, die Optimierung von Prozessen meint ist. Die ökologischen Faktoren gewinnen im heutigen Zeitalter mehr und mehr an Bedeutung. Übergeordnete Zielstellungen sind dabei die Effizienzsteigerung und die Schadstoffminimierung von Prozessen. Eine Effizienzsteigerung kann durch eine Verlustminderung erreicht werden. Nach [DIT, 07] muss zum einen eine Annäherung an das thermodynamische Maximum ($\eta_c = 1$) bei der Energiebereitstellung und Energieumwandlung erreicht werden, und zum zweiten eine Näherung an das thermodynamische Minimum bei der Energieanwendung, das heißt Senkung des spezifischen Energiebedarfs. Bereits die Effizienzsteigerung in Form der besseren Energieausnutzung vermindert den Schadstoffausstoß.

2.2. SiC-Keramik in der Hochtemperatur-Energietechnik

Die Erhöhung der Betriebstemperaturen hat zur Folge, dass auch die Werkstoffe an neue Anforderungen angepasst werden müssen. Die höhere Ausbeute an Nutzenergie kann nur mit dem Einsatz von Hochtemperaturwerkstoffen realisiert werden, das heißt Materialien, die oberhalb von 500 °C dauerhaft eingesetzt werden können, ohne mechanisch zu versagen und/oder zu korrodieren. Dazu gehören laut [BÜR, 06] und [KIE, 10] Metalle, Keramiken und Intermetallische Phasen mit Zeitstandfestigkeiten von 70 N/mm² ($R_{m,10.000h,700°C}$ = 70 N/mm^2) bzw. von 30 N/mm² ($R_{m,100.000h,700°C}$ = 30 N/mm^2). Das heißt, dass in einem Zeitstandversuch der Werkstoff bei einer konstanten Temperatur von 700 °C 10.000 Stunden bzw. 100.000 Stunden lang die zulässige Spannung von 70 bzw. 30 N/mm² ertragen muss, bevor die Probe bricht. Zeitstandfestigkeiten oberhalb der angegebenen Werte werden als hochwarmfeste, unterhalb als hitzebeständige Werkstoffe bezeichnet. Für den Hochtemperaturbereich müssen weitere Anforderungskriterien an die Materialien formuliert werden. Nach [BÜR, 06] sollten die Hochtemperatur-Werkstoffe folgende Eigenschaften erfüllen:

- hohe thermische Langzeitgefügestabilität; Kriech- und Zeitstandfestigkeit,
- niederzyklische Ermüdungsfestigkeit (LCF),
- hohe thermo-mechanische Ermüdungsfestigkeit (TMF),
- hochzyklische Ermüdungsfestigkeit (HCF) bei schwingenden Bauteilen,
- Mindestduktilität und Zähigkeit,
- ausreichende Hochtemperatur-Korrosionsbeständigkeit,
- reproduzierbare Herstellbarkeit, Be- und Verarbeitbarkeit,
- zerstörungsfreie Prüfbarkeit kritischer Fehlergrößen und
- falls erforderlich Beschichtbarkeit (Oxidation, Sulfidation, Wärmedämmung, Verschleißschutz).

Die Ermüdungsfestigkeit (HCF: hochfrequente Schwingungen und LCF: An- und Abfahrvorgänge) von Hochtemperatur-Werkstoffen ist von entscheidender Bedeutung. Im Allgemeinen herrschen im Anwendungsfall keine konstanten Temperaturen vor, sondern die Materialien müssen überwiegend einer anisothermen Ermüdungsbelastung standhalten.

Allein aus den hohen Temperaturen (T > 900 °C) resultieren extreme Anforderungen an die einzusetzenden Materialien, so dass metallische Werkstoffe ihre Einsatzgrenzen schnell erreichen. Kommen dann noch chemisch aggressive Arbeitsmedien hinzu, können grundsätzlich nur noch keramische Materialien als Konstruktionswerkstoffe eingesetzt werden. Vor allem Siliciumcarbid (SiC) wird auf Grund seiner exzellenten Hochtemperatureigenschaften favorisiert. Neben der Verwendung von SiC als Konstruktionskeramik kann SiC auch als Funktionskeramik genutzt werden. Die Basiskeramik wird dazu durch verschiedene Additive so modifiziert, dass ihre elektrischen Eigenschaften eine Anwendung als vollkeramischer Heizleiter oder als vollkeramischer Sensor erlauben.

Siliciumcarbid gehört zu den wichtigsten nichtoxidischen keramischen Sonderwerkstoffen, die den oben genannten Eigenschaftsvektor weitestgehend erfüllen und sich damit als Ausgangsmaterial für ein breites Spektrum an Konstruktions- und Funktionselementen für die Verfahrens- und Hochtemperatur-Energietechnik empfehlen. Jedoch haben Werkstoffe bei höheren Temperaturen nach [BRE, 03] folgende Nachteile:

- spröder Bruch
- niedrige Temperaturwechselbeständigkeit
- unterkritisches Risswachstum
- Ermüdung
- Kriechen
- Oxidation und Korrosion

Die Oxidation und Korrosion sind beim Einsatz von Keramik von geringer Bedeutung und wird separat in Kapitel 2.3. beschrieben. Durch Änderung der chemischen Zusammensetzung kann der Werkstoff an die Umgebungsbedingungen angepasst werden. Ermüden und Kriechen treten auch bei Metallen und Polymeren auf, sind keine keramikspezifischen Versagensmechanismen. Das sprödelastische Bruchverhalten von Keramik ist hingegen sehr wichtig, das heißt katastrophaler Bruch, unterkritisches Risswachstum und Thermoschockempfindlichkeit müssen immer betrachtet werden. Entscheidend für das Einsatzgebiet eines Materials ist immer das Zusammenwirken von Werkstoff, Verarbeitung und Funktion. SiC ist für Anwendungen unter anderem in Antriebssystemen der Luft- und Raumfahrttechnik, als Komponente für Feuerfeststoffe und als Halbleiter ein vielversprechendes Material. Als thermoschock- und korrosionsbeständiger Werkstoff, wird SiC auch für Hochtemperatur-Anwendungen in der Metallurgie, Zement-, Kalk- und Glasindustrie eingesetzt [SAL, 82]. So ist neben dem Einsatz als Schleifmittel, auch der Gebrauch von SiC als feuerfester Werkstoff in der Herstellung verschiedenster Metalle gebräuchlich. Weitere Anwendung findet Siliciumcarbid in Form von Brennhilfsmitteln in der keramischen Industrie. Damit ist ein rationellerer Besatz der Tunnelöfenwagen möglich. In aktuellen Forschungsarbeiten sind die hochdichten und hochfesten Siliciumcarbidwerkstoffe auch für Einsätze im Motoren- und Gasturbinenbau sehr interessant. Der Einsatz vom SiC als Heizelement bis zu Temperaturen von 1450 °C bis 1500 °C ist schon seit langem gebräuchlich.

2.3. Oxidationsverhalten von SiC-Keramiken

Das Siliciumcarbid (SiC) ist eine Hochleistungskeramik, die sich durch:

- Hochtemperaturbeständigkeit,
- geringe Wärmedehnung,
- hohe Wärmeleitfähigkeit,
- Verschleißbeständigkeit,
- Korrosionsbeständigkeit und
- gute Strahlenresistenz

auszeichnet. Diese Eigenschaften beruhen auf dem hohen kovalenten Bindungsanteil des Kristallgitters. Für die unterschiedlichen Anwendungsfelder im Bereich der Energietechnik ist das chemische Reaktionsverhalten von SiC sehr wichtig. Betrachtet wird zuerst die Resistenz gegenüber Sauerstoff, welche in aktive und passive Oxidation unterteilt wird [GUL, 72], [KIM, 00]. Es ist erwiesen, dass SiC an Luft oxidiert, dennoch ist ein Einsatz dieses Werkstoffes in oxidierender Atmosphäre möglich, da sich an der Oberfläche eine SiO_2-Schutzschicht ausbildet (s. Gleichung (2)). Das Oxidationsverhalten von SiC wird durch die Temperatur, den Sauerstoffpartialdruck und die materialspezifischen Eigenschaften der Keramik und deren Sinteradditive bestimmt (Abbildung 2). Diese Schicht kann in reiner Form bis 1600 °C stabil sein, bevor bei noch höheren Temperaturen das SiC mit dem SiO_2 unter starker Blasenbildung reagiert (aktive Oxidation). Die Sauerstoffdiffusion durch die Schutzschicht ist geschwindigkeitsbestimmend für diese Reaktion. Die Gegenwart von Wasser würde die Reaktionsgeschwindigkeit erhöhen. Wasserdampf und salzhaltige Atmosphären erniedrigen die Viskosität der Glasschicht. Die passive Oxidation verläuft nach folgender Reaktion:

$$SiC + 2\,O_2 \rightarrow SiO_2 + CO_2 \quad (2).$$

Der Werkstoff wird durch die SiO_2-Passivierungsschicht vor weiterer Oxidation geschützt. Die aktive Oxidation (3) hinterlässt die Reaktionsprodukte SiO und CO, d. h. Siliciumcarbid wird kontinuierlich verbraucht, was letztendlich zur Zerstörung des Materials führt.

$$SiC + O_2 \rightarrow SiO + CO \quad (3)$$

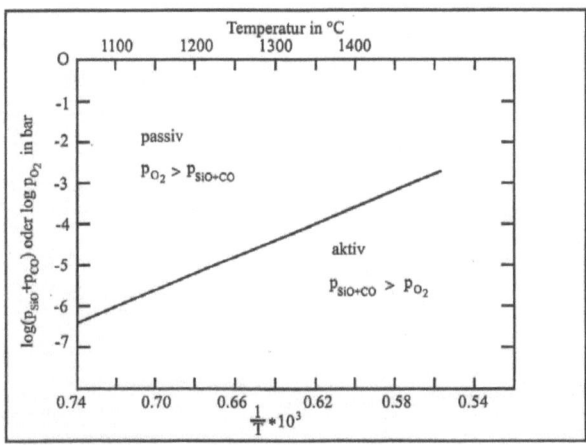

Abbildung 2 Thermochemische Beziehung für aktive und passive Oxidation von SiC

Untersuchungen von [GLE, 98] haben ebenfalls gezeigt, dass SiC-Proben bis 1600 °C einer passiven Oxidation unterliegen, bei Temperaturen über 1700 °C zeigt sich ein anderes Verhalten. Die Viskosität der SiO_2-Schicht verringert sich mit steigender Temperatur, unter anderem durch Verunreinigungen und Sinteradditive, die sich im gasförmigen Aggregatzustand befinden. Es kommt zur Bildung von Glasbläschen an der Probenoberfläche, die aufplatzen und so den Zugang von Luft und anderen oxidierenden Medien an das unoxidierte SiC ermöglichen (aktive Oxidation). Hinsichtlich des Oxidations- und Heißkorrosionsverhaltens von SiC gibt [SCH, 79] eine zusammenfassende Darstellung. Mit Metallen wie Fe, Ni und Co reagiert SiC unter Bildung von Legierungen und Siliciden. Gegen zahlreiche metallische Schmelzen (Al, Cu, Pb, Zn, Sn und Cd) ist Siliciumcarbid hingegen beständig. Saure Schlacken reagieren nicht mit SiC, es löst sich jedoch in alkalischen Schmelzen. Dieser Sachverhalt ist für die Lotauswahl wichtig, um langzeitstabile Fügeverbindungen gewährleisten zu können.

Die Herstellung von Wasserstoff über den Jod-Schwefelprozess stellt ebenfalls einen konkreten Anwendungsfall für den Werkstoffe SiC dar. Untersuchungen von [HON, 08] hinsichtlich der Korrosion von SiC in Schwefelsäure haben gezeigt, dass dieses Material exzellent korrosionsbeständig ist. An korrodierten Proben wurden Veränderungen der Oberflächenmorphologie untersucht und Gewichtsverluste bestimmt. Dabei zeigte das SiC keine bzw. nur sehr geringe Veränderungen. Dies belegen auch Untersuchungen von [NIT, 04]. Die folgende Tabelle 1 zeigt dessen Ergebnisse der Korrosionsbeständigkeit verschiedener Keramiken durch Gewichtsverlustbestimmungen.

Tabelle 1 Korrosionsbeständigkeit von verschiedenen Keramiken nach [NIT, 04]

Chemische Substanz	Temperatur [°C]	SSiC	SiSiC (12 % Si)	Al_2O_3 (99 %)	Si_3N_4
Gewichtsverlust [mg/cm² Jahr] Versuchsbedingungen: 125 bis 300 Stunden, kontinuierliches Rühren					
98 % H_2SO_4	100	1,5	55	65	> 1000
50 % NaOH	100	2,5	> 1000	200	5
53 % HF	100	< 0,2	8	> 1000	8
85 % H_3PO_4	100	< 0,2	9	60	55
70 % HNO_3	100	< 0,2	0,5	6	> 1000
45 % KOH	100	< 0,2	> 1000	30	3
25 % HCL	100	< 0,2	0,9	20	85

SiC erfüllt mit seinem Eigenschaftsvektor den Anspruch an einen Hochtemperatur-Werkstoff und empfiehlt sich damit als Ausgangsmaterial für ein breites Spektrum an Konstruktionselementen für die Hochtemperatur-Energietechnik und hier besonders für die Hochtemperatur-Kernreaktortechnik (V/HTR) einschließlich der thermo-chemischen Anlagen für die Wasserstofferzeugung bzw. Synfuel-Herstellung.

2.4. Keramische Materialien in Kernreaktoren

Die Sicherheitsstandards für Kernkraftwerke sind bezüglich Materialauswahl, -einsatz und -überwachung sehr hoch. Dabei sind die Anforderungen je nach Beanspruchung, Sicherheitsprofil und erwarteter Lebensdauer für die einzelnen Komponenten unterschiedlich und müssen sowohl bei Normalbetrieb als auch bei Störfällen erfüllt sein. Manche Bestandteile eines Kernkraftwerkes wie Brennelemente, aber auch Pumpen oder Ventilkörper, sind von Anfang an nur für eine begrenzte Laufzeit konzipiert, während andere, vor allem große Komponenten wie der Reaktordruckbehälter, im Prinzip die gesamte Kraftwerkslaufzeit zuverlässig intakt sein müssen. Die abzuleitenden Anforderungen an die möglich einsetzbaren Materialien lassen sich nach [ZUC, 03] und [GRÄ, 06] zu den folgenden Stabilitätskriterien der Keramiken zusammenfassen.

- **Nukleare Stabilität:**
  Die nukleare Reaktorleistung muss auslegungsbedingt selbsttätig begrenzt sein. Ein Anstieg der Reaktorleistung muss stets zu einer negativen Rückkopplung führen. Für den Fall extremer nuklearer Transienten muss das Temperaturniveau des Reaktors und der Brennelemente die geforderte Grenze einhalten.

- **Thermische Stabilität:**
  Die Nachwärme muss bei einem Kernaufheizstörfall selbsttätig, also inhärent sicher, abgeführt werden, ohne Zuhilfenahme aktiver Systeme, durch die naturgesetzlichen Mechanismen, wie z. B. Wärmeleitung, Wärmestrahlung und Naturkonvektion. Die Temperatur der Brennelemente muss bei einem Kühlmittelverluststörfall so gering gehalten werden, dass die erste Spaltproduktbarriere aufrecht erhalten bleibt und die zulässige Brennstofftemperatur nicht überschritten wird.

- **Chemische Stabilität:**
  Bei einem Fremdmedieneinbruch in den Kern darf es nicht zu der Korrosion von Brennelementen kommen. Eine besondere Aufmerksamkeit sollten die chemischen Wechselwirkungen zwischen den verwendeten Strukturmaterialien im Reaktorkern bei erhöhten Temperaturen finden. Die chemische Stabilität der Brennelemente bedeutet ferner die Aufrechterhaltung der Geometrie unter Neutronenbestrahlung.

- **Mechanische Stabilität:**
  Die Strukturen des Reaktors müssen auch bei schweren Störfällen erhalten bleiben. Ein katastrophales Reaktordruckbehälterversagen muss völlig ausgeschlossen werden.

Diese Anforderungen, gerade hinsichtlich der Hochtemperaturbeständigkeit in korrosiven Medien, können derzeit nur von keramischen Materialien erfüllt werden [HUR, 96]. Die folgende Tabelle 2 soll diese vier Sicherheitskriterien auf die Keramiken übertragen und den Vorteil der Keramik gegenüber von Stahl aufzeigen.

Tabelle 2 Stabilitätskriterien eines VHTR und deren Werkstoffanforderungen

Stabilitätskriterium	Anforderung an die Keramik	SSiC	LPSSiC	Stahl
Nuklear	hohe Wärmekapazität [kJ/mK]	1000	1200	490
	gute Wärmeleitfähigkeit [W/mK]	70	120	50
Thermisch	gute Wärmeleitfähigkeit [W/mK]	70	120	50
	hohe Zeitstandfestigkeit [MPa]	-	-	10^5h, 650°C: 100
	kleine Wärmedehnung [10^{-6} K^{-1}]	4,5	4,2	10
Chemisch	gute Korrosionsbeständigkeit	bis 1600°C	bis 1400°C	bis 500°C
	Porosität	< 2 vol%	< 1 vol%	0 vol%
Mechanisch	hohe Biegefestigkeit [MPa]			
	bei Raumtemperatur	500	300	1200
	bei 1100 °C; [HEL, 01-1]	500	300	-
	hoher E-Modul [GPa]	410	450	210
	hoher Weibullmodul	10	10	-

Es ist erkennbar, dass die thermischen Eigenschaften der Keramiken Vorteile gegenüber den Metallen aufweisen. Hohe Wärmeleitfähigkeiten lassen einen schnellen Transport überschüssiger Wärme zu (z. B. bei einem Störfall). Die Eigenschaft der geringen Wärmedehnung von Keramik ist günstig, da es kaum zu Ausdehnungen, und dadurch zu Undichtheiten im System kommen kann. Die temperaturabhängigen Festigkeitswerte in Abbildung 3 (nach [SNE, 05]) beweisen, dass keramische Materialien bei Temperaturen bis 1200 °C keine Änderungen zeigen, bei Metallen hingegen reduziert sich die mechanische Stabilität soweit, dass bei diesen thermischen Beanspruchungen keine Festigkeiten mehr gemessen werden können.

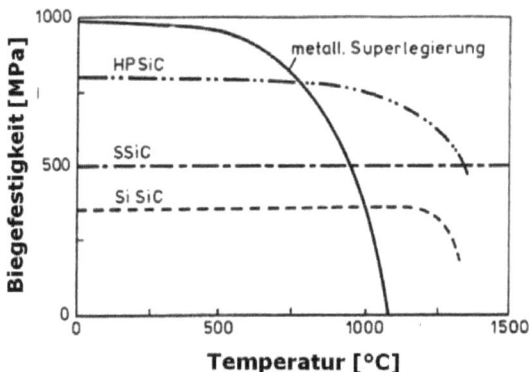

Abbildung 3 Temperaturabhängige Festigkeiten von Metall und SiC-Keramiken

Die Korrosionsbeständigkeit ist bei Keramiken auch bei hohen Temperaturen gegeben. Einziger Nachteil ist der geringe E-Modul, den man aufgrund der anderen exzellenten Eigenschaften in Kauf nimmt.

In der nachfolgenden Tabelle 3 sind die Parameter des V/HTR aufgezeigt. Das Potential der Einsatzmöglichkeiten von keramischen Materialien in Kernreaktoren ist seit Langem bekannt, doch erst mit der Entwicklung von V/HT-Reaktoren wird die Verwendung der hochtemperaturfesten keramischen Werkstoffe unabdingbar.

Tabelle 3 Zielwerte des VHTR [BEH, 04]

Reaktorparameter	Referenzwerte
Reaktorleistung	600 MW$_{th}$
Ein- und Austrittstemperatur des Kühlmittels	640 °C / 1000 °C
Druck am Ein- und Austritt des Kerns	prozessabhängig
Massenstrom des Heliums	320 kg/s
Mittlere Leistungsdichte	6 – 10 MW$_{th}$ / m³
Netto-Wirkungsgrad der Anlage	> 50 %
Brennstoff	SiC-beschichtete Partikel in Form von Blöcken, Stäben oder Kugeln

Einen Überblick zur Verwendung von keramischen Werkstoffen in der Kernenergietechnik geben unter anderem [HOP, 85], [SHA, 90], [HOV, 85], [SAL, 83]; [SKO, 79] und [KRS, 96]. Die Tabelle 4 zeigt eine zusammenfassende Darstellung zum Einsatz von keramischen Werkstoffen in verschiedenen Reaktortypen.

Tabelle 4 Verwendung keramischer Materialien in der Kernreaktortechnik [SAL, 83]

Reaktortyp	LWR[3]	Schneller Brutreaktor	HTR
Kernbrennstoff	UO_2	$(U, Pu)O_2$	UO_2, $(U, Th)O_2$
1. Spaltproduktbarriere	Zirkonlegierung	Stahl	SiC
Moderator	H_2O	-	Graphit
Absorbermaterial	B_4C	B_4C	B_4C

Prinzipiell sind die Werkstoffe der Kernreaktoren wie in Abbildung 4 dargestellt folgenden Beanspruchungen ausgesetzt.

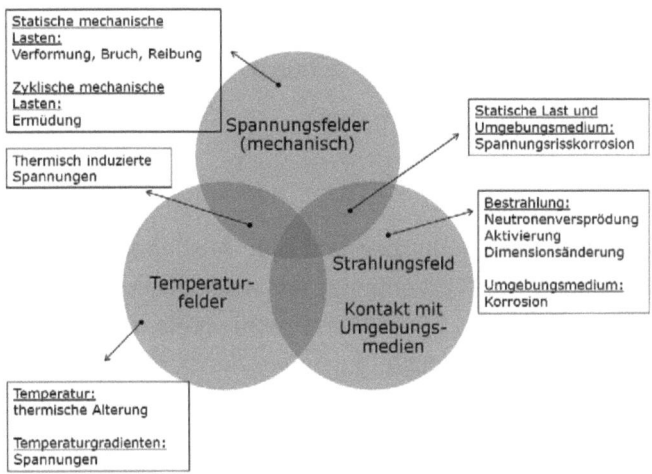

Abbildung 4 Werkstoffbeanspruchung und Schädigungsmechanismen nach [KIE, 10]

Für die Qualifizierung von Werkstoffen für kerntechnische Anwendungen sind daher nicht nur die konventionellen Eigenschaften, wie z. B. Festigkeit, Temperaturbeständigkeit und Kriechresistenz, sondern auch das Verhalten bei Bestrahlung relevant. Die ionisierende Strahlung in Form von z. B. Neutronen und γ-Strahlung gehört zu den zusätzlichen werkstoffschädigenden Mechanismen. Zum einen beeinflusst die

---

[3] LWR = Leichtwasserreaktor; HTR = Hochtemperaturreaktor

Neutronenversprödung die Sicherheit und Lebensdauer der Reaktor-Komponenten, und zum anderen kann der Werkstoff aktiviert werden, was Konsequenzen für die Wartung und Entsorgung zur Folge hat. Das Einwirken von schnellen Neutronen führt zu Gitterveränderungen im Werkstoff. Bei elastischen Wechselwirkungen überträgt das Neutron die Energie an das Grundatom als sogenannte Rückstoßenergie. Oberhalb eines Grenzwertes wird das Gitteratom verschoben und es entstehen Punktdefekte in Form von Leerstellen und Zwischengitteratomen[4].

Für die Verwendung der Werkstoffe in kerntechnischen Anlagen sind Phasenänderungen im Gefüge verbunden mit Volumenänderungen unakzeptabel. Die Stabilität (Standsicherheit) in dem Betriebstemperaturbereich (300 bis 1200 °C, Normalbetrieb und bis 1800 °C, Störfall) darf nicht beeinflusst werden. Verglasungen des Materials bei den Betriebsbedingungen müssen vermieden werden. Wird SiC einer Neutronenstrahlung ausgesetzt, können drei Schädigungsarten auftreten:

- Verlagerung der Atome im Gitter,
- Transmutationen[5] und
- Gasentwicklung.

Typische Folgen der Schädigungen sind Ausdehnungen im Material, Fehlstellenbildung und Erzeugung von radioaktiven Folgeprodukten, welche die Festigkeit des bestrahlten Probekörpers negativ beeinflussen. Die radioaktiven Folgeprodukte entstehen durch Kernumwandlungen im SiC-Gefüge. Wahrscheinliche Produkte sind Wasserstoff (H) und Helium (He) [POR, 84], [WEB, 98].

Der Werkstoff befindet sich im Reaktorbetrieb immer in Wechselwirkung mit Neutronen und kann damit die Neutronenbilanz des Reaktors beeinflussen. Sogenannte Wirkungsquerschnitte charakterisieren die Vorgänge bei Kernprozessen und geben die Wahrscheinlichkeit an, dass z. B. eine Absorption oder Streuung der Neutronen eintritt. Das hier betrachte-

---

[4] Leerstelle und Zwischengitteratom bilden ein Frenkelpaar, was neben dem Schottky-Defekt zu den wichtigsten Punktfehlern zählt.
[5] Transmutation ist die Umwandlung von Atomkernen in andere Nuklide, durch z. B. Kernreaktionen

te Energiespektrum gehört in die Gruppe der thermischen Neutronen[6], der wahrscheinliche Energiewert der Neutronen beträgt etwa E_0 = 0,025 eV. Das entspricht einer Temperatur von 20 °C bzw. einer Geschwindigkeit von 2200 m/s. Von den keramischen Materialien sind Graphit und Siliciumcarbid vor allem hinsichtlich ihres Bestrahlungsverhaltens umfassend untersucht. Insbesondere SiC ist unempfindlich gegen radioaktive Strahlung [NEW, 07], [KAT, 07]. Aus neutronenphysikalischer Sicht muss die SiC-Keramik einen niedrigen Absorptionsquerschnitt besitzen.

Das gesinterte Siliciumcarbid zeigt außerdem eine sehr hohe Wärmeleitfähigkeit von 100 W/(m K)] bei Raumtemperatur. Mit steigender Temperatur nimmt die Leitfähigkeit aufgrund der immer stärker werdenden Phononenstreuung ab. Nach Bestrahlung werden deutlich geringere thermische Leitfähigkeiten dieses Werkstoffes gemessen. Wie angesprochen, heilen Gittereffekte bei Temperaturerhöhung zum Teil aus, damit steigt auch die thermische Leitfähigkeit an und die Gitterdehnung geht zurück. Dieses Phänomen ist auf die Art des Wärmetransportes in der Keramik, welcher durch Phononenleitung erfolgt, zurückzuführen. Das Thermoschockverhalten des Materials wird im Wesentlichen durch die thermische Leitfähigkeit bestimmt. So hat nach einer Bestrahlung mit Neutronen nur die Änderung der thermischen Leitfähigkeit Einfluss auf das Thermoschockverhalten. Die Festigkeit bleibt bei SiC-Werkstoffen bis zu hohen Temperaturen erhalten. Während bei heißisostatisch gepressten SiC die Festigkeit bei Temperaturen bis 1000 °C höher liegt, aber ab einer Temperatur von 1400 °C rapide abnimmt, bleibt die Festigkeit auch bei höheren Temperaturen von SSiC relativ konstant. Das Einwirken von Neutronen verringert die Festigkeit signifikant. Teilweise sind Festigkeiten mit bis zu 70 % Abfall ermittelt worden [POR, 84]. Die Festigkeitsverteilung bleibt erhalten. Daraus kann geschlussfolgert werden, dass keine neuartigen Fehler den Werkstoff schädigen, sondern sich bereits vorhandene Fehler vergrößern (Gitterfehler, Poren). Verursacht wird dies durch innere Spannungen die durch unterschiedliche Ausdehnung

---

[6] Bei thermischen Neutronen beträgt der wahrscheinliche Energiewert etwa E_0 = 0,025 eV, was einer Temperatur von 20 °C bzw. einer Geschwindigkeit von 2200 m/s entspricht.

der verschiedenen Phasen im Werkstoff hervorgerufen werden. Dazu kommt, dass im gleichen Zeitraum ca. 7000 appm[7] Helium (He) und 31200 appm Wasserstoff (H) durch inelastische (n, α)- und (n, p)-Transmutationsreaktionen entstehen. Für die Strahlungsschädenphänomene, wie Werkstoffverhärtung bzw. –versprödung und/oder Dimensionsstabilitäten sind vor allem Versetzungen durch die Generierung von Elementen (z. B. H, He) verantwortlich.

Im unbestrahlten Zustand zeigt SiC ein ausgezeichnetes Kriechverhalten. Bei einer Randfaserspannung[8] von 190 MN/m² und einer Temperatur von T = 1600 °C weist speziell SSiC eine Kriechgeschwindigkeit von 10^{-4}/Stunde auf. Bisher existieren kaum Daten zum Kriechverhalten und zur Lebensdauerabschätzung von SiC-Material infolge der Reaktorbestrahlung.

Derzeit beschäftigen sich Ehrlich et al. in Forschungsarbeiten mit der Entwicklung von Materialien, um die Zahl der Versetzungen (displacement damage = dpa[9]) während der Bestrahlungsdauer der Reaktoren zu minimieren. Dabei muss für jedes Material ein Anforderungsfenster für die jeweilige Anwendung bezüglich der Temperatur und des Neutronenflusses bestimmt werden.

2.5. Keramiken mit elektrischer Leitfähigkeit

Allgemein gibt es drei Gruppen von Leitern, die sich durch die Größenordnung der elektrischen Leitfähigkeit unterscheiden:

- Metallische Leiter,
- Halbleiter und
- Isolatoren.

Die elektrische Leitfähigkeit kann auf zwei Phänomene zurückgeführt werden. Das ist einerseits die Leitung durch das Material selbst (*Bulk*), wobei die Leitfähigkeit im Volumen in der Regel dem Ohmschen Gesetz

---

[7] appm = atomic parts per million
[8] in Form der 4-Punkt-Biegung
[9] dpa = Wert für Strahlenschädigung (Beispiel: 10 dpa – jedes Atom ist von seiner Position im Gitter 10x verschoben worden)

unterliegt und andererseits die Leitung aufgrund von Grenzflächenphänomenen unterschiedlicher Materialien (*Interface*), die häufig nichtlineare Strom-Spannungs-Kennlinien zeigen.

Zur Beschreibung der Leitfähigkeit von Leitern, Halbleitern und Isolatoren dient das Bändermodell nach (s. Abbildung 5). Das von ihm beschriebene Energieschema stellt die Zustände der Elektronen im Kristall dar. Danach werden die Energiebereiche in zwei Bänder (Valenz- und Leitungsband) und die Bandlücke eingeteilt.

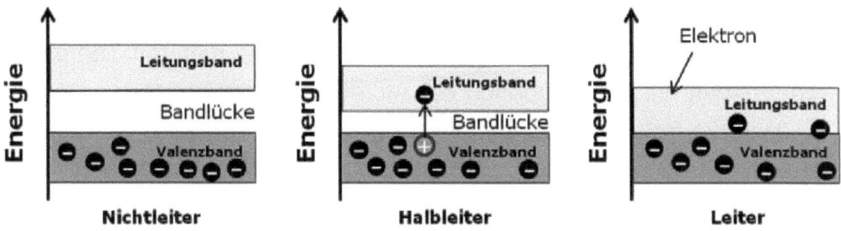

Abbildung 5 Bändermodell zur Beschreibung der Leitfähigkeit

Zum Valenzband gehören alle Elektronen (Valenzelektronen), die zur chemischen Bindung beitragen. Es ist das höchste besetzte Energieband. Bei Metallen ist dieses Band nur teilweise besetzt, Halbleiter und Isolatoren hingegen haben vollständig besetzte Valenzbänder. Eine elektrische Leitung wird bei beiden erst dann möglich, wenn Elektronen über die Bandlücke hinweg aus dem Valenzband in das Leitungsband angeregt werden [ASH, 01], [KUC, 01], [NIT, 93], [RAC, 85]. Bei Isolatoren bzw. Nichtleitern ist jedes Niveau des Valenzbandes voll besetzt, das Leitungsband ist entweder ebenfalls voll besetzt, oder es sind keine Elektronen vorhanden. Die Bandlücke zwischen beiden Bändern ist so groß, dass die Elektronen weder durch Wärme- noch durch Lichtzufuhr in das Leitungsband gehoben werden können. Halbleiter hingegen haben eine relativ geringe Bandlücke, so dass Elektronen bereits bei Raumtemperatur in das Leitungsband gelangen. Diese Elektronen können sich dort frei bewegen und stehen als Ladungsträger zur Verfügung. Verlässt ein Elektron das Valenzband, so hinterlässt es dort ein Loch, welches durch ein anderes Elektron besetzt werden kann. Damit entstehen die sogenannten wandelnden Löcher[10], die als positive Ladungsträger angesehen werden können. Elektronen nehmen immer den günstigsten Energiezustand an, das heißt sie fallen ohne Energiezufuhr wieder in das Valenzband zurück. Ein Gleichgewicht zwischen den ins Leitungsband gehobenen und zurückfallenden Elektronen stellt sich bei einer bestimmten Temperatur ein. Die Ursache, dass die Leitfähigkeit von Halbleitern mit steigender Temperatur zunimmt, ist die zunehmende Anzahl der Elektronen im Leitungsband. Bei Metallen oder Leitern überlappen sich das Valenzband und das Leitungsband teilweise. Bei jeder Temperatur sind also genügend Elektronen im Leitungsband und sorgen für eine gute elektrische Leitfähigkeit des Materials. Bei höheren Temperaturen nehmen die Schwingungen der Atomrümpfe um ihre Gitterplätze zu, so dass die freien Elektronen in ihrer Bewegung behindert werden. Aus diesem Grund nimmt die Leitfähigkeit von metallischen Materialien bei steigender Temperatur ab. Die Bandlücke existiert bei Leitern nicht [IHL, 04], [TAU, 93], [ASH, 01].

Siliciumcarbid kann als Funktionswerkstoff in der Hochtemperatur-Energietechnik eingesetzt werden, indem die verschiedenen elektronischen und ionischen Leitungseigenschaften dieses Werkstoffes genutzt werden. So kann z. B. durch Dotierung der SiC-Keramik eine unterschiedliche elektrische Leitfähigkeit der Keramik erreicht werden. Dadurch wird es möglich, vollkeramische Heizleiter oder vollkeramische Temperatursensoren aufzubauen. Kombiniert man durch unterschiedliche Dotierung erzeugte p- und n-leitende Keramiken miteinander, so kann man daraus thermoelektrische Generatoren entwickeln, die im Hochtemperaturbereich in der Lage sind, aus einem Wärmestrom eine elektrische Spannung zu generieren. Solche Systeme wären, in Kombination mit einem Messfühler in der Lage, Messsignale unabhängig von externen Spannungsquellen zu liefern. Dies ist insbesondere für die Beherrschung von Störfallsituationen aber auch für den Normalbetrieb von Interesse.

---

[10] Positive bewegliche Ladungsträger werden in Halbleitern als Loch oder Elektronenfehlstelle, bzw. Defektelektron bezeichnet.

Die elektrischen und magnetischen Eigenschaften keramischer Werkstoffe lassen den Einsatz in der Elektrotechnik nicht nur zu, sondern zeigen auch entscheidende Vorteile gegenüber anderen Werkstoffen [SAL, 82]. So lassen sich durch Beeinflussung von Kristallstruktur und Gefüge alle Varianten vom Isolator bis hin zum Supraleiter einstellen. Die beteiligten Ladungsträger können Ionen oder Elektronen beziehungsweise Leerstellen sein. Es gibt jedoch auch eine Vielzahl von Keramiken die Mischleiter sind, also beides transportieren.

Die keramischen Werkstoffe können in unterschiedliche Klassen nach ihrem Leitungstyp und der Größenordnung ihrer elektrischen Leitfähigkeit eingeteilt werden. Diese Übersicht ist in der Tabelle 5 dargestellt.

Tabelle 5 Einteilung keramischer Werkstoffe in Klassen unterschiedlicher Leitfähigkeit

	Metallische Leiter	Ionen- und Mischleiter	Halbleiter	Isolatoren
Leitfähigkeit [S/m] σ	10^8 bis 10^2	10^{-6} bis 1	10^{-6} bis 1	$<10^{-8}$

Im Folgenden werden die einzelnen keramischen Leitertypen näher beschrieben, wobei vor allem auf die Anwendungen bzw. Anwendungsmöglichkeiten der Keramiken eingegangen wird.

2.5.1. Metallische Leitung

Bei metallischen Leitern sind die Ladungsträger freie Elektronen, die frei beweglich als Elektronengas im Festkörper vorliegen. Metallische Leitfähigkeit ist bei Keramiken selten zu finden. Die Ausnahmen finden vor allem Anwendung im Bereich der Hochtemperatur-Elektrochemie. Ein Anwendungsgebiet von metallisch leitenden Keramiken ist die Hochtemperatur-Brennstoffzelle. Aufgrund der vorherrschenden Anwendungsbedingungen wie Temperatur und Sauerstoffpartialdruck $p(O_2)$ können keine Metalle eingesetzt werden. Bei diesen hohen Temperaturen werden metallisch leitende Oxide verwendet. Weitere Anwendungen keramischer Materialien mit metallischer elektrischer Leitfähigkeit werden in der folgenden Tabelle 6 aufgeführt.

Tabelle 6 Anwendungen Keramiken mit metallischer Leitung [HEL, 01-2]

Material	Anwendung
$BaPb_{1-x}Bi_xO_3$	Supraleiter
RuO_2	Dickschicht-Elektroden, Widerstände
$LaNiO_3$ $La_{1-x}Sr_xCoO_3$ $La_{1-x}Sr_xCrO_3$	Brennstoffzellen-Elektroden und Interconnectoren
SnO_2-In_2O_3	transparente Elektroden (z. B. ITO-Beschichtungen[11])
$MoSi_2$	Heizleiter

Dem metallischen Leiter nahe sind die keramischen Elektrodenwerkstoffe für Brennstoffzellen, wie z. B. $La_{1-x}Sr_xCrO_3$. Die oben genannten Werkstoffe finden vorwiegend als Beschichtungsmaterial Anwendung. Die intermetallische Verbindung Molybdändisilizid ($MoSi_2$) ist nicht nur wegen der sehr guten elektrischen Leitfähigkeit, sondern auch auf Grund der hohen Schmelztemperatur von 2030 °C und der hervorragenden Oxidationsbeständigkeit ein geeignetes Material für Hochtemperatur-Anwendungen [JUN, 00]. Als Formkörper werden zum Beispiel Hochtemperatur-Heizleiter aus $MoSi_2$ hergestellt.

2.5.2. Ionen- und Mischleitung

Eine Vielzahl von Materialien weisen sowohl Elektronen- als auch Ionenleitung auf und werden deshalb als Mischleiter bezeichnet. Verantwortlich für die Ionenleitung in Kristallen, für Dotiereffekte und p-n-Übergänge in Halbleitern sind hauptsächlich thermodynamische Abweichungen von der Idealstruktur, die sogenannten Fehler und Defekte [MAI, 93], [NIT, 93], [ASH, 01]. Kristallfehler entstehen entweder beim Wachstum der Kristalle oder nachträglich durch äußere Einwirkungen. Solche Einflüsse können thermisch, durch zunehmende Temperaturbewegung; chemisch, durch Verunreinigungen; mechanisch, durch z. B. Materialermüdung oder durch Strahlung (z. B. radioaktiver Zerfall) hervorgerufen werden. Ionenbewegung in Feststoffen ist also nur möglich, wenn freie Bewegungsbahnen in Form von Leerstellen und Zwischengitterplätzen

---

[11] ITO-Beschichtungen: ITO = Indiumzinnoxid; engl. Indium Tin Oxide

zur Verfügung stehen. Grundsätzlich gibt es bei reinen binären ionischen Verbindungen vier Grundtypen von Fehlordnungen, welche im folgendem genannt und kurz beschrieben werden [HEL, 01-2]:

- **Frenkel-Typ:** Kationen befinden sich auf Zwischengitterplätzen und werden durch Leerstellen im Kationengitter kompensiert, wobei das Anionengitter ungestört bleibt (z. B. AgBr).
- **Schottky-Typ:** Gleichzeitig Leerstellen im Kationen- und Anionengitter (z. B. NaCl).
- **Anti-Frenkel-Typ:** Anionen auf Zwischengitterplätzen und Leerstellen im Anionengitter, wobei das Kationengitter ungestört bleibt (z. B. CaF_2).
- **Anti-Schottky-Typ:** Kationen auf Zwischengitterplätzen und Anionen auf Zwischengitterplätzen.[12]

Die Ionenleitfähigkeit kann nur durch weitere Defekte, Versetzungen und Korngrenzen erheblich erhöht werden. Prinzipiell gibt es intrinsische, extrinsische und intrinsisch superionische Ionenleiter. Die folgende Tabelle 7 soll eine Übersicht über ausgewählte typisch keramische Ionenleiter geben.

Tabelle 7 Typische keramische Ionenleiter

Chemische Formel	Bewegliche Ionen	Chemische Verbindung	Art der Leitung	Bezeichnung Fehlordnung
AgCl	Ag^+	Silberhalogenid	intrinsisch	Frenkel
AgBr	Ag^+	Silberhalogenid	intrinsisch	Frenkel
AgI	Ag^+	Silberhalogenid	intrinsisch superionisch	frei bewegliche Ionen
NaCl	Na^+	Alkalihalogenid	intrinsisch	Schottky
β-Na_2O*11 Al_2O_3	Na^+	β-Al_2O_3	intrinsisch superionisch	frei bewegliche Ionen
Y_2O_3-ZrO_2	O^{2-}	dotiertes ZrO_2	extrinsisch	O_2-leerstelle
CaF_2	F^-	Erdalkalifluorid	intrinsisch	Anti-Frenkel

---

[12] Anmerkung: Für dieses Fehlordnungsmodell fehlen bisher experimentelle Belege.

Die Anwendungsgebiete keramischer Ionenleiter reichen von Elektrolyten für Brennstoffzellen oder Batterien über Membranen in medizinischen Anwendungen bis zur Petrochemie, wo sie zur selektiven Oxidation bestimmter Kohlenwasserstoffe eingesetzt werden können [HEL, 01-2]. In der Automobiltechnik werden keramische Sauerstoffsensoren in Form der Lambdasonde eingesetzt, um den Restsauerstoffgehalt im Abgas zu messen, und daraus das Verhältnis von Verbrennungsluft zu Kraftstoff für die weitere Verbrennung so regeln zu können, dass weder Kraftstoff- noch Luftüberschuss auftritt. Als keramisches Material kann dabei yttriumstabilisiertes Zirkonoxid (kurz: YSZ) eingesetzt werden. Dieser Anionenleiter leitet oberhalb von etwa 500 °C Sauerstoffionen. Ähnliche Sensoren kommen auch zur Prozessüberwachung z. B. in Müllverbrennungsanlagen zum Einsatz. Eine weitere wichtige Anwendung basierend auf dem stabilisierten ZrO_2 ist die Festelektrolyt-Brennstoffzelle (Solid Oxide Fuel Cell; SOFC), die bis zu mehreren hundert °C betrieben werden kann. Ein guter Kationenleiter[13] ist das β-Aluminium-Natriumaluminat (β-Na_2O*11 Al_2O_3), mit ebenfalls vielen Leerstellen in der Struktur. Dieser Werkstoff wird als Elektrolyt in Natrium-Schwefel-Batterien verwendet und befindet sich derzeit bei einigen Autoherstellern in Elektroautos in der Testphase [KHA, 07].

2.5.3. Halbleiter

In der Größenordnung der elektrischen Leitfähigkeit der Ionenleiter befinden sich auch die halbleitenden Materialien. Halbleiter werden in der Elektrotechnik in vielfältiger Form verwendet. Dazu zählen vor allem die halbleiterbasierten integrierten Schaltungen[14] und diverse Bauelemente der Leistungselektronik. Eine zunehmende Rolle spielen diese Werkstoffe auch in der Photovoltaik bei Solarzellen sowie Optik bzw. Optoelektronik als Detektoren und Strahlungsquellen für zum Beispiel Fotodetektoren und Leuchtdioden. Es gibt im Halbleiter grundsätzlich zwei unterschiedliche Leitungsmechanismen, die Eigenleitung (intrinsisch) und die Störstellenleitung (extrinsisch). Die Elektronenkonzentration im Lei-

---

[13] Kationenleiter, hier in Form eines Natriumionenleiters.
[14] Konkrete Anwendungen von integrierten Schaltungen: Mikroprozessoren und Mikrocontroller)

tungsband der einzelnen Leitungsarten ist in Abbildung 6 zu erkennen. Bei intrinsischen Halbleitern befinden sich einige Elektronen aufgrund der thermischen Anregung im Leitungsband. Wird nun zusätzlich noch ein elektrisches Feld angelegt, springen weitere Elektronen in das Leitungsband. Dabei entsteht für jedes angeregte Elektron im vollbesetzten Valenzband ein positiv geladenes Loch [HEL, 01-2]. Trifft ein sich frei bewegendes Elektron auf ein solches Defektelektron (Loch) füllt es dort den freien Platz aus. Alle Elektronen, die ihre Bindung verlassen, hinterlassen jeweils neue Löcher. Wird nun an den Kristall eine elektrische Spannung angelegt, bewegen sich die frei beweglichen Elektronen zum positiven Pol (Elektronenleitung). Die positiv geladenen Löcher hingegen „wandern" in Richtung negativen Pol (Löcherleitung). Bei Eigenleitung von Halbleitermaterialien fließt also ein Strom, die Elektronen und die Löcher bewegen sich in entgegengesetzte Richtungen. Die Störstellenleitung basiert auf Dotierung des Halbleiterwerkstoffes mit drei- bzw. fünf-wertigen Elementen. Da solche Störstellen Elektronen aus dem Valenzband aufnehmen, werden diese auch als Akzeptoren bezeichnet. Der Einbau solcher Akzeptor-Atome erhöht damit die Löcherdichte und die Leitfähigkeit des Halbleiters durch Löcherleitung. Die Anzahl der wanderungsfähigen Ladungsträger kann so erhöht und damit die Leitfähigkeit um mehrere Zehnerpotenzen vergrößert werden [MAR, 95]. Je nach Wertigkeit der Dotierungselemente in Bezug auf das Wirtsgitter kann sowohl eine p- als auch n-Leitung erzielt werden. Dieser Mechanismus soll hier am Beispiel des Siliciumcarbids (SiC) verdeutlicht werden. Beim Einbau fünf-wertiger Atome wird ein Valenzelektron des Störatoms nicht zur Bindung von Silicium (vier-wertig) benötigt. Das ungebundene Elektron ist frei beweglich und steht als Elektronenleiter zur Verfügung, es entsteht ein n-Typ Halbleiter. Im Bändermodell bedeutet der Einbau von fünf-wertigen Elementen, dass ein zusätzliches Energieniveau dicht unterhalb des Leitungsbandes vorhanden ist. Damit genügt eine geringe thermische Anregung, um allen Elektronen den Übergang in das Leitungsband zu ermöglichen (Abbildung 6). Bei Anlegen einer Spannung bilden diese frei beweglichen Elektronen den Elektronenstrom.

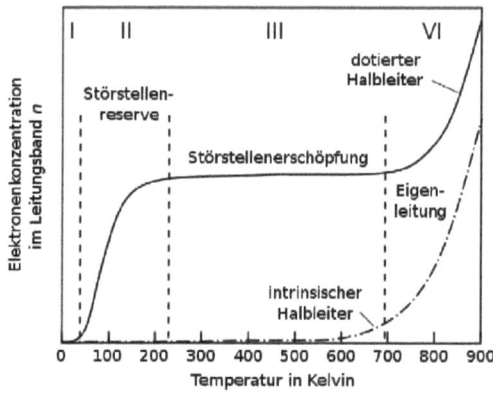

Abbildung 6 Bereiche der Leitungsmechanismen im Halbleiter

Werden drei-wertige Elemente zur Dotierung genutzt, bleibt jeweils ein Defektelektron (Loch) in der Bindung übrig. Die nicht gesättigte Bindung kann sich überall im Kristallgitter befinden und durch irgendein Elektron gefüllt werden, das heißt das Loch wandert. Der so dotierte Halbleiterkristall ist p-leitend. Hier befindet sich ein zusätzliches Energieniveau dicht oberhalb des Valenzbandes. Die im Valenzband entstandenen Defektelektronen sind im Kristall frei beweglich und bilden den Löcherstrom [HEL, 01-2], [RAC, 85], [WIR, 98]. Die Tabelle 8 zeigt die Anwendungen von einigen keramischen Halbleitern.

Tabelle 8 Anwendungen von keramischen Halbleitern

Bezeichnung	Material	Anwendungen
Heißleiter (NTC-Widerstände)	Mn_3O_4 $NiMn_2O_4$ $CoFe_2O_4$	Spannungsstabilisatoren Temperatursensoren Einschaltstrombegrenzer
Heizelemente	Kohlenstoff Siliciumcarbid $MoSi_2$ SnO_2	Heizelemente Temperatursensoren Einschaltstrombegrenzer
Kaltleiter (PTC-Widerstände)	(Ba, Y, La) (Ti, Nb, Ta)O_3 Pb(Zr, Ti)O_3	Grenztemperatursensoren selbstregelnde Heizelemente Überlastschutz
Varistoren	ZnO	Überspannungsschutz

Die elektrische Leitfähigkeit von Halbleitern wird neben der Bandstruktur von der effektiven Masse, der Art, der Konzentration und der Beweglichkeit der Ladungsträger sowie von den Gitterdefekten und der Temperatur bestimmt. Die spezifischen elektrischen Widerstände liegen zwischen 10^{-4} Ωcm und 10^9 Ωcm. Halbleiter haben im Allgemeinen einen negativen Temperaturkoeffizient [HER, 99], [KUC, 01], [NIT, 93], [PAU, 74], [IHL, 04]. Die Gruppe der Kaltleiter, sogenannte ‚Positive Temperature Coefficient Widerstände' (kurz PTC), gehört ebenfalls zu den halbleitenden Materialien. Diese Werkstoffe zeigen eine elektronische Leitfähigkeit, die mit steigender Temperatur abnimmt. Dieser Effekt tritt im Bereich von Phasenumwandlungen auf, bei Temperaturen weiter entfernt, verhalten sich Kaltleiter wie gewöhnliche Halbleiter, d. h., ihr Widerstand sinkt mit steigender Temperatur. Der PTC-Effekt ist ein Korngrenzeneffekt (z. B. Bariumtitanat: $BaTiO_3$). Anwendungsgebiete dieser Werkstoffgruppe sind Grenztemperatursensoren, selbstregelnde Heizelemente und Überlastschutzkomponenten [SCH, 07]. Auch Varistoren gehören in die Gruppe der halbleitenden Materialien. Der Varistor-Effekt beruht wie der PTC-Effekt auf Potentialbarrieren an den Korngrenzen [HEL, 01-2]. Unter Varistoren werden Bauelemente verstanden, deren elektrischer widerstand sich spannungsabhängig verändert. Zu ihnen gehören die Werkstoffe $BaTiO_3$ und Materialien, die ausgeprägte Korngrenzenschichten ausbilden wie Siliciumcarbid (SiC). Heute wird kommerziell einzig Zinkoxid (ZnO) im Bereich der Halbleiterelektronik zum Schutz von empfindlichen Bauteilen (z. B. Transistoren, Thyristoren) eingesetzt. Auch in der Hochspannungstechnik kommen solche Werkstoffe als Ableiter zum Einsatz, um Stromversorgungsnetze vor Überspannungen (z. B. durch Blitzschlag) zu schützen.

Der für diese Arbeit untersuchte Werkstoff Siliciumcarbid gehört wie dessen Elemente, Silicium und Kohlenstoff, zur Gruppe der Halbleiter und ist überwiegend kovalent gebunden ≈(88 %). Intrinsisch liegt ein p-Typ-Leiter vor, der jedoch je nach Dotierung oder Sinterprozess zum n-Typ-Leiter werden kann. Bei flüssigphasengesinterten SiC-Keramiken (LPSSiC) beispielsweise werden zusätzliche wanderungsfähige Löcher durch den Einbau von Aluminium (Al) geschaffen. Des Weiteren tragen

Gitterdefekte und Korngrenzen zur Leitung bei. Die elektrische Leitfähigkeit von LPSSiC wird durch die sekundäre Phase beeinflusst, die vorwiegend aus Yttrium-Aluminium-Granat (YAG) besteht und einen nichtohmigen Kontakt zwischen den SiC-Körnern darstellt. Sie ist temperaturabhängig und weist, je nach Zusammensetzung und Temperatur, Werte in einem sehr weiten Bereich zwischen 10^1 und 10^{12} Ωcm auf [IHL, 04]. SSiC hat ebenfalls hohes Potential für technische Verwendungen. Die sehr nützlichen Eigenschaften wie die hohe Löcherbeweglichkeit im Kristall und die hohe Durchschlagsfestigkeit machen diese SiC-Keramik für die Halbleiterindustrie sehr interessant [GUB, 99]. Dieser Werkstoff kann unter anderem mit den Elementen der III. Hauptgruppe Aluminium (Al) oder Bor (B) dotiert werden. Da diese Fremdatome ähnliche Eigenschaften wie die Matrixatome besitzen und das Gitter relativ wenig stören, werden sie auch flache Störstellen genannt. Durch den Einbau des Atoms mit einem Elektron weniger als Silicium (Si) wird dem Wirtsgitter ein Elektron entzogen und ein Loch erzeugt. Beide Elemente wirken also als Akzeptor. Es ist möglich durch die Zugabe der Elemente Al und B eine p-Leitung in dem SSiC-Kristall hervorzurufen [TRO, 97], [GUB, 99], [PAI, 98]. Je nach Dotierung kann für SiC ein spezifischer Widerstand über einen breiten Bereich eingestellt werden. Die Werte reichen von 10^{-2} bis 10^{13} Ωcm bei Raumtemperatur, was Anwendungen als Heizleiter, als spannungsabhängiger Widerstand und als elektrisch isolierendes Substrat zulässt.

2.5.4. Isolatoren

Die keramischen Isolatorwerkstoffe lassen sich nach der Art ihrer Anwendung in drei Klassen einteilen. Zuerst soll die Klasse der Isolatoren betrachtet werden. Deren wichtigste Eigenschaft ist das gute Isolationsvermögen. Neben der geringen elektrischen Leitfähigkeit sind hohe Durchschlagsfeldstärken und geringe Wechselspannungsverluste erforderlich. Eine weit verbreitete Anwendung sind Hochspannungsisolatoren. Diese großen Bauteile müssen auch hinsichtlich Festigkeit und thermischer Dehnung bestimmten Anforderungen genügen. Die folgende Tabelle 9 zeigt einen Vergleich von einsetzbaren Isolationswerkstoffen für die Hochspannungstechnik.

Tabelle 9 Vergleich keramischer Isolatorwerkstoffe für die Hochspannungstechnik

Material Zusammensetzung	Quarzporzellan $(Na,K)_2O^*Al_2O_3^* SiO_2$	Cordierit $2 MgO^*2 Al_2O_3^* SiO_2$	Steatit $MgO^* SiO_2$
Dichte [g/cm³]	2,4	2,56	2,75
Elektrische Leitfähigkeit [cm^{-1}]	$< 10^{-14}$	$< 10^{-16}$	$< 10^{-17}$
Verlustfaktor [%]	1 - 2	0,4	0,1 - 0,3
Therm. Ausdehnungskoeff. [·10^{-6} K^{-1}]	6	2,3	8,8

Für klassische Isolationsanwendungen in der Hochspannungstechnik wird Quarzporzellan eingesetzt. Es besitzt ein geringes spezifisches Gewicht und eine geringe elektrische Leitfähigkeit, sowie einen geringen Verlustfaktor. Nachteilig ist der relativ hohe Ausdehnungskoeffizient und daraus resultierend die schlechte Thermoschockbeständigkeit des Materials. Im Vergleich ist Cordierit ein geeigneterer Isolatorwerkstoff, es zeigt ein besseres Thermoschockverhalten aufgrund des niedrigeren thermischen Ausdehnungskoeffizienten, hat eine geringere elektrische Leitfähigkeit und einen niedrigeren Verlustfaktor. Steatit zeigt ein noch besseres Isolationsvermögen und wird aus diesem Grund für Hochleistungskondensatoren und Abspannisolatoren in Sendemasten eingesetzt. Die Durchschlagsfestigkeit der hier vorgestellten Materialien liegt zwischen 6 und 30 MV/m. Zu dieser Klasse gehören auch Isolatorwerkstoffe, die man zum Einsatz als Substratwerkstoff für Dick- und Dünnschichtschaltungen nutzt. Diese sogenannte „keramische Leiterplatte" wird vor allem in der Hybridtechnik eingesetzt und besteht aus Aluminiumoxid (Al_2O_3) mit einer Reinheit von 96 %, bzw. 99,6 %. Al_2O_3 zeigt ebenfalls eine geringe elektrische Leitfähigkeit von $< 10^{-14}$ cm^{-1}, einen geringen Verlustfaktor ($< 0,3$ %) und eine Durchschlagsfestigkeit von 10 bis 20 MV/m. Der Vorteil dieses Materials gegenüber dem herkömmlichen Werkstoff sind die besseren thermomechanischen Eigenschaften. Al_2O_3 besitzt mit $\alpha = 7*10^{-6}$ K^{-1} nur 50 % des thermischen Ausdehnungskoeffizienten, der damit viel besser an den des Silicium ($\alpha = 2,6*10^{-6}$ K^{-1}) angepasst ist. Auch die Wärmeleitfähigkeit spielt bei Leiterplatten eine erhebliche Rolle.

Eine gute Wärmeleitfähigkeit ist notwendig, um Wärme, die durch ohmsche Verluste entsteht, abführen zu können. Vergleicht man dabei Al_2O_3 und Kunststoff, so ist Aluminiumoxid (λ = 20 W/mK zu 0,1-0,3 W/mK) weit überlegen.

Zur zweiten Klasse der Isolatorwerkstoffe gehören die Dielektrika. Die Ladungsträger dieser elektrisch schwach- oder nichtleitenden Werkstoffe sind im Allgemeinen nicht frei beweglich, können aber durch ein äußeres elektrisches Feld polarisiert werden. Im Dielektrikum sind die Ladungen räumlich in positive und negative Anteile (die Dipole) getrennt. Die Hauptanwendungen der oxidischen Dielektrika sind Kondensatoren. Als keramische Kondensatoren werden die sogenannten Vielschichtkondensatoren (MLC, Multi Layer Capacitors) eingesetzt. Diese platzsparenden Kondensatoren ersetzen immer häufiger die klassischen Scheiben-Kondensatoren. Die bekanntesten dielektrischen Werkstoffe sind die mit einer Perowskitgitterstruktur. Dazu gehören die Titanate, Niobate und Tantalate.

In die dritte Gruppe der Isolatoren gehören die Piezoelektrika. Bei diesen keramischen Werkstoffen werden innerhalb des Piezoelektrikums Ladungsschwerpunkte verschoben (piezoelektrischer Effekt), wenn auf die mit Elektroden versehene piezoelektrische Keramik ein mechanischer Druck oder Zug ausgeübt wird. Dann treten Ladungen an den Elektrodenflächen auf, wodurch sich auch ein elektrisches Feld ausbildet. So kann an den Elektroden eine elektrische Spannung U gemessen werden. Umgekehrt ändert der Werkstoff seine äußeren Abmessungen, wenn an ihn ein elektrisches Feld angelegt wird. Dieser Effekt wird inverser piezoelektrischer Effekt genannt. Kristallographisch zeigen typische piezoelektrische Keramiken, wie die Dielektrika, eine Perowskitstruktur, welche Voraussetzung für Piezoelektrizität ist. Die wichtigsten piezoelektrischen Werkstoffe basieren auf dem oxidischen Mischkristall-System Bleizirkonat und Bleititanat (kurz: PZT). Die Eigenschaften dieser Werkstoffe hängen hauptsächlich vom molaren Verhältnis von Bleititanat und Bleizirkonat, sowie der Substitution und Dotierung mit zusätzlichen Additiven ab. Daraus ergibt sich eine Vielzahl von Modifikationsmöglichkeiten für Materialien mit unterschiedlicher Spezifikation, beispielsweise für Sensoren, Hochleistungs-Ultraschallgeneratoren und Aktoren. Piezokeramiken finden heute Anwendung in weiten Bereichen der Technik. Eine der bekanntesten dürfte der Schwingquarz als Taktgeber in einer Quarzuhr sein. Ansonsten werden Piezokeramiken auch als Schwinger zur Erzeugung von Ultraschall oder in speziellen Lautsprechersystemen zur Erzeugung hörbarer Töne mit hohen Frequenzen verwendet. Ihre Eigenschaft der Ladungstrennung bei Verformung wird auch genutzt, um Kräfte zu messen und indirekt Beschleunigungen zu bestimmen. Problematisch ist jedoch, dass die Ladung sich mit der Zeit abbaut, weswegen mit piezokeramischen Kraftmessern nur Kurzzeitmessungen möglich sind. Bariumtitanat ist ein weiteres Beispiel für eine piezoelektrische Keramik, mit dem wesentlichen Nachteil, dass diese nur in einem relativ schmalen Temperaturbereich anwendbar ist (T_c = 120 °C).

Zusammenfassend wird konstatiert, dass elektrisch leitfähige Keramiken wegen ihrer besonderen Eigenschaften und Eigenschaftskombinationen vielfältig eingesetzt werden. Die Anwendungsfelder liegen im Maschinenbau und der Verfahrenstechnik, Elektrotechnik, Elektronik und in der Hochtemperatur-Energietechnik.

2.6. Fügemöglichkeiten für Hochtemperaturanwendungen

Um die Eigenschaften von SiC-Keramiken umfassend nutzen zu können, besteht die Notwendigkeit diese zu fügen. Oftmals können nur durch Fügen unterschiedlicher Werkstoffe die funktionalen Eigenschaften genutzt werden. Auch nach [BOR, 88], [LIN, 91], [WIE, 91-1] ist der Einsatz der vollkeramischen Baugruppen in den unterschiedlichsten Industriezweigen nur mit geeigneten Verbindungsmöglichkeiten realisierbar. [BOR, 88] unterteilt die Fügeverfahren für keramische Werkstoffe gemäß Abbildung 7.

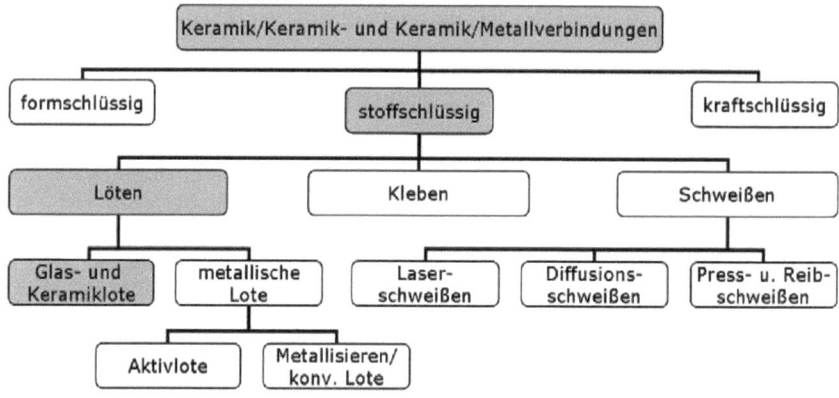

Abbildung 7 Fügeverfahren von keramischen Werkstoffen nach [BOR, 88]

Grundsätzlich lassen sich auf die Herstellung von Keramikverbindungen die gleichen Unterscheidungskriterien anwenden, wie auf Metallverbindungen. Jedoch müssen beim Fügen keramischer Bauteile die besonderen Werkstoffeigenschaften und Spezifika, wie z. B. die Sprödigkeit, die aus den chemischen Bindungsverhältnissen resultieren, beachtet werden [TIL, 95], [WIE, 91-2], [BOR, 95]. Verbindungen können grundsätzlich form-, stoff- oder kraftschlüssig sein.

2.6.1. Form- und kraftschlüssige Verbindungen

Bei formschlüssigen Verbindungen verhindern die Verbindungspartner gegenseitig eine Verschiebung in mindestens eine Richtung. Innerhalb solcher „Sperrungen" wirken Druckkräfte rechtwinklig zu den Flächen der Verbindungspartner. Unter kraftschlüssigen Verbindungen wird die Verbindung von Bauteilen verstanden, die im Grunde auf Reibung basiert und solange wirkt bis die Lastkraft größer als die Haftreibung ist. Zu kraft- bzw. formschlüssigen Verfahren gehören das Schrauben, Nieten, Klemmen, Schrumpfen, Eingießen und Einsintern. Diese Verfahren werden nach Möglichkeit bevorzugt, da sie nach [MAY, 08] vergleichsweise mit geringem technischen Aufwand eine hohe Zuverlässigkeit unter Einsatzbedingungen erreichen. Da die mechanische Verbindung ohne Temperaturbeaufschlagung stattfindet, werden bei den Fügepartnern auch keine thermischen Eigenspannungen induziert. Ein weiterer großer

Vorteil ist Möglichkeit die Verbindung teilweise wieder zu lösen, um so defekte Teile austauschen zu können. Durch die freien Möglichkeiten der konstruktiven Gestaltung der Nahtgeometrien, können große Fügeflächen geschaffen werden. Ein entscheidender Nachteil ist das Auftreten von Spannungsspitzen, was zu Schädigungen der Keramik führt. Konstruktiv vorgegebene Spielpassungen können bei einer dynamischen Beanspruchung der Verbindung zu Reibungseffekten führen [WIE, 91-2]. Für keramische Materialien können diese Verbindungsverfahren daher durch deren Eigenschaften nur eingeschränkt genutzt werden, zum Beispiel das Nieten wegen der schlagartigen Belastung. Das wohl bekannteste Produktbeispiel für eine kraftschlüssige Fügeverbindung ist die Zündkerze. Bei ihr wird der keramische Isolator in das erwärmte metallische Gehäuse eingeschrumpft [BOR, 95], [SIT, 05].

2.6.2. Stoffschlüssige Verbindungen

In der Literatur wird beschrieben, dass für das Fügen von SiC-Keramik vor allem stoffschlüssige Verbindungstechniken angewandt werden, bei denen eine gasdichte, temperatur- und korrosionsbeständige Verbindung erreicht werden kann [TIL, 05], [BOR, 95], [LUG, 92], [WIE, 91-1], [HEN, 79]. Zu den stoffschlüssigen Verfahren gehören laut Abbildung 7 das Kleben, Löten und Schweißen.

Klebungen haben für das Verbinden von keramischen Bauteilen gerade in der industriellen Fertigung eine große Bedeutung erlangt. Während mit organischen Klebern Verbindungen bis zu 300 °C eingesetzt werden können, reichen die Anwendungstemperaturen von Klebeverbindungen mit keramischem Kleber bis 1500 °C. [WIE, 91-2] bemerkt, dass bei diesen hohen Betriebstemperaturen jedoch die Festigkeit solcher Klebverbindungen vergleichsweise gering ist, und derartige Verbindungen vorzugsweise Anwendung finden, wo diese gegen hohe Verschleißbeanspruchung schützen. Beispielsweise seien hier die geklebten SiO_2-Isolationskacheln eines Space Shuttles genannt [KOR, 85].

Verfahren wie Garnieren sind in der technischen Keramik aufgrund des schwierigen Handlings ungebrannter Massen schwierig und finden keine bekannte Anwendung. Durch die Verfahren des Diffusionsschweißens und des Reibschweißens können Schweißverbindungen von hoher Qualität hergestellt werden. Aufgrund der Tatsache, dass bei diesen Pressschweißverfahren die Verbindungsbildung auf Diffusion und Festkörperreaktionen unterhalb der Schmelztemperatur beruht, wird mit Hilfe einer metallischen Zwischenschicht eine plastisch verformbare, häufig auch flüssige Zone geschaffen. Der Prozess ist daher dem Löten ähnlich [WIE, 95]. Voraussetzungen für Reaktionen in der Verbindungszone sind die Beaufschlagung mit einem Anpressdruck (ca. 1 - 300 MPa) und die Aktivierung durch Wärme [BEC, 93]. Bei dem Verfahren des Reibschweißens wird dies durch Rotation bzw. Oszillation eines Verbindungspartners realisiert. Ein Vorteil des Reibschweißens von Metallen untereinander liegt im Vergleich zum Diffusionsschweißen in sehr kurzen Prozesszeiten [COR, 94], [HOR, 92]. Aufgrund der thermophysikalischen Eigenschaften der Keramik ist aber auch in diesem Fall eine Vorwärmung des Materials in der Bearbeitungskammer notwendig, um eine thermisch induzierte Rissbildung zu vermeiden. Der zeitliche Vorteil wird dadurch minimiert [ESS, 91]. Durch Diffusionsschweißen sind Verbindungen zu erreichen, die eine Festigkeit entsprechend der Ausgangsfestigkeit der Grundmaterialien aufweisen. Voraussetzung für einen optimalen Diffusionsvorgang sind planparallele Oberflächen zur Erhöhung der Kontaktflächen bei minimaler Versetzungsdichte [GÜN, 78], [NAG, 99].

Wesentliche Nachteile dieser Verfahren im Vergleich zu dem im Folgenden vorgestellten Laserstrahlfügen sind zusammenfassend:

- Beschränkungen in der Geometrievielfalt vor allem beim Reibschweißen, wo vorrangig rotationssymmetrische Teile bearbeitet werden
- hohe Anforderungen an die Oberflächenqualität der Verbindungszonen, vor allem beim Diffusionsschweißen
- hohe Anpresskräfte, wodurch bei keramischen Materialien eine Mindestmaterialstärke Voraussetzung ist
- Nutzung von metallischen Zwischenschichten, was vorrangig die thermischen Eigenschaften des Verbundes im Vergleich zum Ausgangsmaterial herabsetzt

- die Bearbeitung unter Vakuum, selten unter Schutzgas
- aufwendige Prozesstechnik
- sehr hohe Prozesszeiten (ca. 0,5 – 1 h).

Prinzipiell eignen sich die Verfahren zum Fügen von Keramik untereinander für: Al_2O_3, Cordierit, Si_3N_4, SiC, ZrO_2 [COR, 94], [GRE, 96], [GÜN, 78].

Das Elektronenstrahlschweißen ist ein vom Prinzip mit dem Laserstrahlschweißen vergleichbares Verfahren, welches der Erstellung von Schmelzschweißverbindungen dient. Es verfügt über Vorteile, die in höherer Präzision, geringeren Wärmeeinflusszonen und höheren maximal erreichbaren Einschweißtiefen liegen. Die Notwendigkeit, die Schweißbearbeitung in einer Kammer unter Vakuumbedingungen durchzuführen, beschränkt den industriellen Einsatz des Verfahrens erheblich. Erhöhter apparativer Aufwand, erschwerte Automatisierbarkeit und der zeitlich längere Prozess führen zu verhältnismäßig wenigen Anwendungsgebieten des Elektronenstrahlschweißens. Prinzipiell verschweißbar ist eine Vielzahl von Metallverbindungen [NAG, 99]. Zum Fügen von Keramik mit Metallen sind nur wenige Anwendungen bekannt geworden [NIC, 90]. Diese beschränken sich auf das Fügen von Aluminiumoxidkeramik mit Chrom, Titan, Nickel, Zirkon, Kupfer, Molybdän, Tantal, Wolfram und Niob und auf das Fügen von Cermets auf der Basis von Aluminiumoxidkeramik. Die Problematik des Staus von Elektronen auf der elektrisch isolierend wirkenden Keramikoberfläche kann durch eine Vorwärmung der Keramik verhindert werden [NAG, 99]. Die mit zunehmender Temperatur steigende elektrische Leitfähigkeit der Keramik bewirkt einen Elektronentransport, der eine Störung des elektrischen Feldes verhindert [NAG, 99]. Eine allgemeine Aussage zur Festigkeit der Verbunde mit 160 - 200 MPa spricht für eine hohe Qualität der Verbindungen [MAL, 95], [NIC, 90].

Das Laserstrahlschweißen ist ebenfalls ein Schmelzschweißverfahren. Der wesentliche Unterschied zu den oben beschriebenen Verfahren wie Kleben, Löten, Diffusions- und Reibschweißen liegt in der Verbindungsbildung ohne Zusatzstoff über die schmelzflüssige Phase, welche durch den Laserstrahl innerhalb weniger Mikrosekunden erzeugt wird [TRE, 95]. Zum Verbinden der Nichoxid-Keramik kann dieses Verfahren nicht angewendet werden, da die erforderlichen Voraussetzungen, wie z. B. ein definierter Schmelzpunkt der Keramik, nicht erfüllt sind.

Lötverfahren hingegen haben sich beim Verbinden von SiC-Keramik als besonders geeignet erwiesen [TIL, 95], [LUG, 92], [WIE, 91-2]. Beim Löten wird die stoffschlüssige Verbindung durch eine zusätzliche flüssige Phase, das Lot, hergestellt. Das zu fügende Bauteil wird dabei auf eine Temperatur gebracht, die eine Benetzung der Fügeflächen bewirkt. Das Lot erstarrt mit sinkender Temperatur. Die Verbindung der Fügepartner erfolgt ausschließlich durch die Diffusions- und Reaktionsvorgänge des flüssigen Lotes mit den Grundwerkstoffen und wird nicht, wie beim Schmelzschweißen durch das Aufschmelzen der Grundwerkstoffe erreicht. Es gibt nach [HEN, 81] und [LUG, 93] folgende entscheidende Faktoren, die zu einem Verbund von Siliciumcarbid beitragen:

- physikalische Wechselwirkungen (Benetzung, Adsorption, Adhäsion),
- chemische Reaktionen mit Neubildung von Carbiden, Nitriden, Siliciden,
- Diffusion,
- Sintern über Kontaktschichten und
- mechanische Verankerung im mikroskopischen Bereich.

Je nach Lot und Löttemperatur werden die Verfahren wie in Tabelle 10 in folgende Klassen eingeteilt, wobei das Fügen von Hochleistungskeramik anwendungsbedingt vor allem durch das Hart- und Hochtemperaturlöten realisiert wird. Zum Löten werden entweder metallische Lote oder Glas- bzw. Glas-Keramik-Lote verwendet. Beim Löten mit metallischen Loten muss beachtet werden, dass die Keramik infolge der stabilen Elektronenkonfiguration nur von wenigen Metallen benetzt wird [NIC, 90]. Ein dauerhafter Verbund kann dennoch entstehen, wenn eine haftfeste lotfähige Metallisierungsschicht auf die Keramik aufgebracht wird. Hinsichtlich der Löttechnik unterscheidet man zwischen dem Löten metallisierter Keramik und nicht metallisierter Keramik. Konventionelle metallische Lote brauchen für einen Verbund der Keramik eine Vormetallisierung der Oberfläche, während metallische Aktivlote und Glas- bzw. Glas-Keramik-Lot direkt gelötet werden können [WIE, 91-2].

Tabelle 10 Unterteilung der Lötverfahren anhand der Lotschmelzbereiche

	Weichlöten	Hartlöten	Hochtemperaturlöten
Löttemperatur $T_{Löt}$	< 450 °C	450 < $T_{Löt}$ < 900 °C	> 900 °C
Lotbeispiele	Zn-Lote Cd-Lote Sn-Pb-Lote In-Lote Ga-Lote	Al-Lote Mg-Lote Cu-Basis-Lote Ni-Lote Edelmetall-Lote (Ag)	Ni-Lote Fe-Lote Cu-Basis-Lote Edelmetall-Lote(Au, Pd-Pt) Glas-, Glas-Keramik-Lote

Die breiteste technische Anwendung des flussmittelfreien Verfahrens ist im Bereich der Oxidkeramik (Al_2O_3) zu finden [WIE, 91-2]. Diese Keramik wird nach dem Molybdän-Mangan- oder Wolfram-Verfahren metallisiert und anschließend mit duktilen hochsilberhaltigen Loten im Vakuum oder unter Schutzgas gefügt. Derartige Verbunde finden vor allem Anwendung zur Herstellung elektronischer Bauteile. Bei SiC ist dieses Verfahren nicht nutzbar, da die Menge und die Zusammensetzung der Korngrenzenphasen sich nicht ausreichend mit der Glasphase der Metallisierungsschicht verbinden können und die Einsatztemperaturen unter 1000 °C liegen [WIE, 91-2], [JUN, 88], [TIL, 95]. Eine Reaktionsschicht mit hoher Haftfestigkeit auf SiC wird z. B. über die Dünnschichttechnologie mit dem Arc-PVD-Verfahren[15] erzeugt. Eine SiC-Oberfläche kann auch mit Hilfe von Mangan- bzw. Titandampf metallisiert werden, wobei das Metall mit dem Kohlenstoff zunächst unter Carbidbildung reagiert und danach metallisierte Schichten aus Carbiden und Siliciden gebildet werden [TAK, 93]. Eine weitere Möglichkeit zum Metallisieren von SiC ist eine Aktivierung durch chemisch-reduktive Elektrolyte bestehend aus Metallsalz, Reduktionsmittel und Komplexbildner [SPI, 91]. An der SiC-Oberfläche wird durch gezielte Reaktionen die Aktivierungsenergie gesenkt und damit ist eine kontrollierbare Metallabscheidung möglich. Für korrosive Hochtemperaturanwendungen werden Hartlote z. B. auf Ni-Cr-Basis mit Ti-Zusatz oder Ni-Ti auf SiC aufgetragen. Metallisierungs-

---

[15] Das Arc-PVD-Verfahren ist ein Ionenplattierverfahren mittels Vakuum-Lichtbogen-Verdampfer. PVD steht für Physical Vapour Deposition.

verfahren sind mit hohen technologischem Aufwand und hohen Kosten verbunden.

Als Alternative zu den genannten Verfahren ist das flussmittelfreie Aktivlöten zum Verbinden von Keramik durchführbar. Dieses Verfahren bedarf keiner Vormetallisierung, und ist in einem Arbeitsgang unter Schutzgas oder im Hochvakuum realisierbar [WIE, 91], [BOR, 95]. Aktivlote sind mit (re-) aktiven Elementen[16] dotiert, die mit der Keramik chemisch in Wechselwirkung treten. Nach [LUG, 92] kommen als Lote ebenfalls duktile, hochtemperaturfeste Lote mit folgenden Anforderungen in Frage:

- hohe Reaktivität des Keramik-Lot-Systems[17],
- an die Keramik angepasster thermischer Ausdehnungskoeffizient,
- ausbilden dünner, gleichmäßiger Reaktionsschichten zur Spannungsminimierung und
- wirken der Reaktionsschicht als Diffusionsbarriere zur Vermeidung von Zersetzungsreaktionen der Keramik.

Lotverbindungen wie Ag-Ni, Ag-Cu, Ti-Cu-Ni, Pd-Ni-Ti und Ni-Hf, aber auch insbesondere titanaktivierte Ni-Basislote sind als Aktivlot für das Fügen von SiC bis zu Einsatztemperaturen von 1400 °C geeignet [LUG, 91], [LUG, 92], [BUS, 99], [TIL, 95]. Die grenzflächenaktiven Elemente Ti, Zr und Hf fungieren zur Verbesserung der Benetzung auf der Keramikoberfläche, haben jedoch den Nachteil, dass aufgrund ihrer hohen Sauerstoffaffinität eine auf den jeweiligen Werkstoff abgestimmte Prozessführung erforderlich ist. Bei Aktivloten ist durch die Verarmung der Restschmelze an Ti kein Kapillareffekt mehr nutzbar, so dass sich das Benetzungsverhalten verschlechtert [BUS, 99], [WIE, 91-2]. SiC neigt bei hohen Fügetemperaturen zu Wechselwirkungen mit dem Lotwerkstoff, was zu einer Zersetzung des SiC und zum Eindringen des Lotes in das SiC führt. Durch den Zersetzungsprozess diffundiert Si in die Fügezone, so dass sich spröde, silicidische Phasen bilden [TIL, 95].

Eine Weitere Möglichkeit zum Fügen von SiC-Keramik bietet das Diffusionslöten. Dabei wird das Lot als Folie oder PVD-Schicht auf den zu fü-

---

[16] Reaktive Elemente: Ti, Zr, Hf
[17] Bedeutet eine kleine freie Reaktionsenthalpie, um eine Benetzung zu erreichen.

genden Werkstoff aufgebracht. Im Vergleich zum Diffusionsschweißen ist jedoch zum Fügen nur ein geringer Anpressdruck von ca. 0,04 MPa und das Arbeiten im Hochvakuum erforderlich. Infolge von Festkörperdiffusionsvorgängen bildet sich ein niedrigschmelzendes Eutektikum, so dass die aktive Komponente (Hf, Ti oder Nb) des Lotes mit der Keramik in Wechselwirkung tritt und einen hochtemperaturbeständigen Verbund bilden kann [TIL, 95].

Das Löten mit einem Laserstrahl als Energiequelle stellt eine andere vielversprechende Möglichkeit dar, um stoffschlüssige und gasdichte Fügeverbindungen mit ausreichender Festigkeit herzustellen. Gegenüber den bisher genannten Verfahren werden für die Laserstrahlfügetechnologie folgende Vorteile konstatiert:

- kurze Prozesszeiten,
- lokale Aufheizung der Fügepartner,
- keine Schutzgasatmosphäre bzw. kein Vakuum und
- keine Bauteilgrößenbegrenzung.

Dieses Verfahren setzt die Lösung von zwei Problemen voraus. Zum einen müssen hochtemperaturbeständige Lote entwickelt werden und zum zweiten muss diese Technologie an das Lot und den Grundwerkstoff so angepasst werden, dass keine Schädigung der Ausgangsmaterialien eintritt. Die Keramik wird lokal in der Fügezone mit der Laserstrahlung solange erwärmt, bis das sich zwischen den Fügepartnern befindliche Lot aufschmilzt und eine Verbindung hergestellt ist. Eine wichtige Voraussetzung ist eine gute Benetzung der Keramikoberflächen.

Oxidische Glas- bzw. Glaskeramik-Lote benetzen die SiC-Oberfläche bei einer eingestellten Viskosität von 10 bis 10 Pa s [WOL, 04] im Bereich der Fügetemperatur von ca. 1450 °C gut und können daher ohne Metallisierung der Oberfläche eingesetzt werden [SAT, 97], [WIE, 91-2]. Obwohl Glaslote gasdicht sind, weisen sie eine geringe chemische und thermische Beständigkeit auf und die Fügenaht ist spröde. Um die Sprödigkeit zu vermeiden, mengt man dem Glaslot Füllstoffe bei. Kristalline Glaslote gehen nach dem Erstarren in einen keramischen polykristallinen Zustand über. Der Vorteil dieser Lote im Vergleich zu den metallischen /

silicidischen Loten besteht darin, dass sie durchgängig aus glaskeramischen Material bestehen und ihre Eigenschaften prinzipiell denen der zu fügenden Keramik ähnlich sind [KNO, 02].

Um die Gesamtzielstellung zu erreichen, bestand die Aufgabe der Lotentwicklung darin, ein Glas-Keramik-Lot zur Verfügung zu stellen, das sowohl hinsichtlich seines thermo-mechanischen als auch seines elektrischen Verhaltens an die Eigenschaften der verwendeten Keramiken angepasst ist. Eine wesentliche Forderung an das Glaslot ist, den Fügeprozess an freier Atmosphäre realisieren zu können, um eine ausreichende Flexibilität in der praktischen Anwendung zu sichern. Zur Erfüllung dieser Anforderung beschränken sich die Entwicklungsarbeiten auf rein oxidische Lotsysteme. Unter Nutzung der Ergebnisse früherer Arbeiten [KNO, 02] wurde das Basislot aus dem System Y_2O_3-SiO_2-Al_2O_3 ausgewählt. Die eutektische Temperatur des Systems beträgt nach Literaturangaben [FAB, 01] 1371 °C ± 5 °C. Dadurch kann eine thermische Beständigkeit der Fügeverbindung oberhalb 1000 °C gewährleistet werden. Das Benetzungsverhalten der zu fügenden SiC-Keramik spielt beim Fügeprozess ebenfalls eine wichtige Rolle. Das oxidische Glaslot benetzt die Werkstoffoberfläche sehr gut, was auf die ähnliche chemische Bindung der Haftpartner zurückzuführen ist. Die vorhandene SiO_2-Schicht auf den oberflächigen SiC-Partikeln kann dabei als Diffusionsgrenzschicht angesehen werden [WIE, 90], [AKS, 92]. Neben den Benetzungseigenschaften spielen auch andere Eigenschaften wie der thermische Ausdehnungskoeffizient $α_{lin}$, die elektrische und thermische Leitfähigkeit sowie die elastischen Konstanten der Fügepartner eine wichtige Rolle. Die thermisch induzierten Fügenahtspannungen sind umso höher, je größer der Unterschied von $α_{lin}$ und je dicker die Fügenaht ist [HES, 93], [HÖH, 93], [APP, 84], [MUN, 94], [HAF, 98]. Deshalb müssen beim Fügen von Keramik $α_{Keramik}$ und $α_{Lot}$ gut übereinstimmen. Der Ausdehnungs-koeffizient der Keramik und des Lotes sollte im Mittel nicht mehr als 7 % abweichen [BOR, 95]. Geeignet für das Fügen des LPSSiC sind Lotgläser der gleichen Zusammensetzung wie die Sinteradditive, die für die Herstellung der SiC-Keramik zum Einsatz kommen, da hier eine gute chemische Bindung gewährleistet ist. Das gewählte Lotsystem kann durch Variationen des Mischungsverhältnisses der oxidischen Komponenten und durch die Prozessführung beim Laserstrahlfügen vordefinierte Eigenschaften erreichen. So ist es möglich, die Erweichungstemperatur des Glaslotes einzustellen, sowie an die vorgesehene Anwendungstemperatur und die dazugehörige Einsatzumgebung anzupassen. Speziell der Einsatz in nuklearen Bereich fordert die Resistenz der Lote gegen radioaktive Strahlung und einen geringen Absorptionskoeffizient gegenüber Neutronen.

2.7. Fügen von Keramik mit Diodenlaserstrahlung

Als Energiequelle zum Aufschmelzen des Lotes in der Fügezone eignet sich in besonderer Weise ein Laserstrahl [LIP, 07]. Die Vorteile bei der Nutzung von Laserstrahlung beruhen im Wesentlichen auf:

- der Möglichkeit der Nutzung von hohen Intensitäten,
- den kurzen Prozesszeiten,
- zeitlich und räumlich nahezu verzögerungsfreier Steuerbarkeit,
- nicht erforderlichen Einschränkungen in der geometrischen Dimension der Fügepartner,
- der Möglichkeit zur exakten Einstellung von Temperaturgradienten (Einschluss niedrigschmelzender Komponenten) und
- der hohe Automatisierbarkeit und Reproduzierbarkeit des Verfahrens.

Grundsätzlich können alle Werkstoffe mittels Laser geschmolzen oder verdampft werden, abhängig von der Leistungsdichte des Laserstrahls und dessen Fokussierung. Die für den Fügeprozess erforderlichen Intensitäten werden im Infrarot (IR)-Spektralbereich vor allem mit Nd:YAG-, CO_2- und Diodenlasern erreicht. Nachdem im Jahre 1960 die erste technische Realisierung eines Lasers erfolgte, konnten innerhalb kürzester Zeit leistungsstarke Laser für den sichtbaren, infraroten und ultravioletten Spektralbereich hergestellt werden. Die rasante Entwicklung der Lasertechnik kann damit gezeigt werden, dass der Professur für Wasserstoff- und Kernenergietechnik (TU Dresden) in den Jahren von 2003 bis 2009 ein Diodenlaser mit 3100 W Strahlleistung für Versuche zur Verfügung stand, während ab dem Jahr 2009 bereits ein Lasersystem mit 10200 W in Betrieb genommen werden konnte. Damit wird gerade im Bereich der Lasermaterialbearbeitung ein enormer Fortschritt erzielt.

2.7.1. Diodenlaserstrahlung

Diodenlaser gehören zu den Halbleiterlasern, deren Verstärkung durch die Übergänge zwischen Leitungs- und Valenzband im Halbleiter zustande kommt. Für die Diodenlaser bietet sich insbesondere der p-n-Übergang in einer Halbleiterdiode an.

Atome befinden sich immer in einem bestimmten Energiezustand. Führt man ihnen Energie zu, so geraten die Atome in einen angeregten Zustand. Die Verweildauer in diesem angeregten Zustand ist begrenzt, nach einer charakteristischen Zeit fallen die Atome in den Grundzustand zurück. Bei diesem Rückfall werden Photonen emittiert und man spricht von einer spontanen Emission. Im angeregten Zustand treten die Photonen mit den Atomen in Wechselwirkung und das Atom geht dadurch in den Grundzustand über. Durch diese Wechselwirkung wird die Zeit der Atome im angeregten Zustand verkürzt und das Atom gibt Energie in Form von Strahlung ab. Diese Strahlung ist kohärent, da die einfallende und emittierte Welle in einer Phase schwingen. Das eigentliche Laserlicht kann nur entstehen, wenn sich mehr Atome im angeregten Zustand als im Grundzustand befinden. Dieser Zustand wird Besetzungsinversion genannt und kann nur unter steter Energiezufuhr aufrecht erhalten werden. Die Energie des dritten Energieniveaus muss höher sein, als das vom Laser letzendlich emittierte Licht.

Im Gegensatz zu anderen Laserquellen, bei denen im laseraktiven Medium ein einziger Strahl mit hoher Leistung erzeugt wird[18] basieren Hochleistungsdiodenlasersysteme auf der Kombination vieler einzelner Strahlbündel. Die eigentlichen Strahlquellen sind dabei Halbleiterdioden, die zu einem Barren zusammengeschaltet werden. Durch das Prinzip der Wellenlängenkopplung sind unterschiedliche Wellenlängen kombinierbar. Die sehr gute Polarisation der Laserstrahlung kann zur weiteren Leistungssteigerung genutzt werden. So kann man eine Verdopplung der

---

[18] Als Beispiel sei hier der CO_2-Laser mit einer Wellenlänge von λ = 10,6 µm genannt.

Laserausgangsleistung erreichen. Die erzeugten Strahlen der einzelnen Dioden werden zu einem gemeinsamen Laserstrahl überlagert und in ein Lichtleitkabel eingekoppelt. Der Laserstrahl wird anschließend über das Lichtleitkabel vom Laserkopf zum Werkstück übertragen. Dadurch kann der ursprüngliche linienförmige Fokus des Diodenlaserstrahls in einen runden Fokus mit geringerem Durchmesser transformiert werden. Ein Versorgungsgerät übernimmt die Steuerungs- und Überwachungsfunktion von Laserkopf und Peripheriegeräten.

Der laserinduzierte Energieeintrag in die Keramik ist über den Laserfleckdurchmesser nicht gleichmäßig verteilt, sondern ähnelt einer Normalverteilung, wie die Abbildung 8 verdeutlicht ist. Die Kenntnis der Intensitätsverteilung über den Strahlquerschnitt ist also notwendig, um einen optimalen Energieeintrag zu gewährleisten. Der Diodenlaserstrahl weist unterschiedliche Leistungsdichteverteilungen auf, sie sind in Abhängigkeit vom Abstand zum Fokus in der folgenden Abbildung 8 dargestellt.

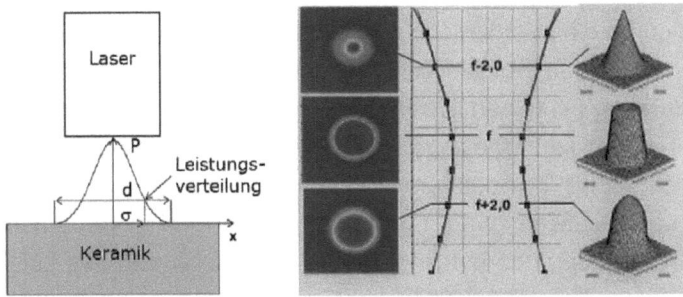

Abbildung 8 Darstellung der Laserleistungsverteilung

Vor dem Fokus (f – 2,0) ähnelt die Verteilung der Laserstrahlung einer Laplace-Verteilung. Das Energiemaximum befindet sich im Zentrum des Laserfleckes, die meiste Energie wird nur in einem kleinen Bereich der bestrahlten Fläche eingebracht. Nur im Fokus (f) ist die Laserleistung, vergleichbar mit einer Gleichverteilung, gleichmäßig bis zum Randbereich des Laserfleckes verteilt. Nach dem Fokus (f + 2) entspricht der Verlauf der Laserleistungsverteilung einer Normalverteilung.

2.7.2. Temperaturfeldmodulation Diodenlaserstrahlung

Die laserinduzierte Energie muss optimal in das Bauteil übertragen werden, ohne dass die Proben durch Thermospannungen zerstört, die SiC-Oberfläche beschädigt, das Lot zersetzt wird oder die elektrische Leitfähigkeit verloren geht. Die Kenntnis des Aufheizverhaltens der Keramiken ist dabei unbedingt notwendig. Das Aufheizverhalten eines Werkstoffes wird durch die Einflussfaktoren:

- Laserleistung in W/mm^2,
- Rotationsgeschwindigkeit in mm/min,
- Scangeometrie und
- Mehrfachbestrahlung

charakterisiert. In dieser Arbeit werden die Einflüsse der Laserparameter auf das Aufheizverhalten ermittelt.

Bei rotationssymmetrischen Proben spielen die Scanfiguren für den optimalen Energieeintrag kaum eine Rolle. Sollen rechteckige Proben gefügt werden, so muss darauf geachtet werden, dass mit geeigneten Scanfiguren die erforderliche Fügetiefe erreicht wird. Die folgende Tabelle 11 zeigt die unterschiedlichen Ergebnisse der Variationen der Laserstrahlführung mit denen SiC-Proben erwärmt wurden. Die Bewertung der Scan-Figuren kann dieser Tabelle ebenfalls entnommen werden. Eine ungleichmäßige Temperaturausbreitung in der Fügezone wird durch die ersten beiden Scanfiguren (Tabelle 11, Bild 1 und 2) verursacht. Die direkte Aufheizung des Lotes ist problematisch, da sich das Lot in erheblich kürzerer Zeit erwärmt und die Fließtemperatur erreicht, während die Keramik unzureichend erwärmt ist. Damit benetzt das Lot die Keramik nicht optimal und es kann keine feste Fügeverbindung hergestellt werden. Die Scan-Figuren erweisen sich daher für viele Anwendungsfälle als ungeeignet. Um einen gleichmäßigeren Energieeintrag in die SiC-Keramik realisieren zu können, wurden zwei weitere Scan-Figuren getestet (Tabelle 11, Bild 3 und 4).

Tabelle 11 Laserstrahlführungen zur Ermittlung des optimalen Energieeintrages

	Scanbild	Beschreibung
1		Laser an → Fügenaht wird einmal abgefahren → Laser springt an Ausgangspunkt → ...
2		Laser an → Laserscan über Fügenaht hin und zurück
3	d	Laserstrahl rotiert in Form einer Ellipse (d = 5 mm) auf Probenoberfläche
4		Laser an, wird in Form einer Zickzack-Linie über Fügenaht geführt Laser springt an Ausgangspunkt zurück
5	d	Scanfigur ist eine Ellipse (d = 3 mm), Wendepunkte der Ellipse liegen außerhalb der Probenränder

Die Wahl der Ellipsenform und der „Zickzack"-Linie soll ein direktes Aufheizen des Glaslotes vermeiden. Anhand dieser Versuche wurde ermittelt, dass durch diese Scan-Figuren der Nahtbereich schneller und gleichmäßiger erwärmt wird, ohne dass das Lot überhitzt wird. Die Führung des Laserstrahls in Form einer „Zickzack"-Linie hat den entscheidenden Nachteil, dass der Laser nicht kontinuierlich betrieben werden kann. Nach dem Abfahren der Fügenaht schaltet der Laser aus und springt an den Ausgangspunkt zurück, was den Erwärmungsprozess erheblich verlängert. Des Weiteren schneidet die Linie die Fügenaht einige Male, so dass eine direkte Aufheizung des Lotes nicht vermieden werden kann. Die Ellipsenform wird daher favorisiert und bringt den Vorteil mit sich, dass das Lot nicht direkt durch die Laserstrahlung erwärmt wird. Der Abstand d/2 (s. Tabelle 11) zur Fügenaht muss so gewählt werden, dass die Fließtemperatur des Lotes erreicht ist und gleichzeitig eine optimale Benetzung des Lotes mit der Keramik gewährleistet werden kann.

Der nächste Schritt ist die Feinabstimmung der Ellipsenparameter. Die Lage der Wendepunkte spielt neben dem Durchmesser und der Ellipsenlänge eine entscheidende Rolle für die Güte des Energieeintrags, weil dort der Energieeintrag am größten ist und die Keramik dadurch beschädigt werden kann. Für jede Probengeometrie müssen die ideale Scanfigur und die dazugehörigen Parameter (Lage der Wendepunkte, Durchmesser und Ellipsenlänge) ermittelt werden. Kleinste Veränderungen in den Abmaßen des Probenmaterials können zu einem veränderten Aufheizverhalten führen. Weiterhin muss das Aufheizverhalten der SiC-Keramik hinreichend untersucht werden, die Ergebnisse sind in Kapitel 4.2. zu finden.

2.7.3. Optische Materialkennwerte

Die optischen Materialkennwerte des Probematerials sind für den Laserfügeprozess von imenzer Bedeutung. Ohne die genaue Kenntnis des Reflexions-, Transmissions- und Absorptionsverhaltens ist ein reproduzierbarer Fügeprozess nicht möglich.

Thermische Emission

Hat ein Körper eine Temperatur, die über dem absoluten Nullpunkt (0 K) liegt, dann strahlt dieser, aufgrund der Wärmebewegung der Atome, elektromagnetische Energie ab. Die Intensität der abgestrahlten Energie ist temperatur- und materialabhängig. Einen großen Einfluss auf die Emission hat die Oberflächenbeschaffenheit, hier vor allem, die Rauhigkeit des Körpers. Je nach absoluter Temperatur und Absorptionseigenschaften des Materials entsteht eine Spektralverteilung. Ein ideal schwarzer Körper definiert die maximale Emission, weil dieser alle auf ihn treffende elektromagnetische Strahlung bei jeder Wellenlänge vollständig absorbiert. Das sich dabei ausbreitende Spektrum ist allein von der Temperatur abhängig und wird durch das Planck'sche Strahlungsgesetz beschrieben. Die Strahlleistung P die ein schwarzer Körper mit der Fläche A und der absoluten Temperatur T absorbiert, wird anhand des Stefan-Boltzmann-Gesetzes beschrieben:

$$P = \sigma \cdot A \cdot T^4, \tag{4}$$

P = Strahlungsleistung; σ = Stefan-Boltzmann-Konstante; A = Fläche; T = Temperatur des emittierenden Körpers.

Ist ein nicht-schwarzer Strahler gegeben, der richtungsunabhängig strahlt, so muss die Gleichung um den Emissionsgrad ε(T) erweitert werden:

$$P = \sigma \cdot \varepsilon(T) \cdot A \cdot T^4. \tag{5}$$

Der Emissionsgrad ε (T) ist eine dimensionslose Zahl, die die Absorptions- und Emissionseigenschaften eines realen Körpers beschreibt. Der Emissionsgrad eines Körpers ist das Verhältnis aus der Strahlung eines Körpers zu der von einem schwarzen Strahler abgestrahlten Strahldichte derselben Temperatur. Das Kirchhoffsche Strahlungsgesetz beschreibt den Zusammenhang zwischen Absorption und Emission eines realen Körpers und besagt, dass im thermischen Gleichgewicht der Emissionsgrad eines Körpers dem Absorptionsgrad entspricht. Demnach besitzt ein Schwarzer Strahler einen Absorptions- und Emissionsgrad von eins (ε = 1). Reale Materialien haben ein Epsilon zwischen null und eins (0 > ε > 1).

Im hier vorliegenden Fall ist der Emissionsgrad sowohl für den Fügeprozess mittels Diodenlaserstrahlung von Bedeutung, als auch für die berührungslose Temperaturbestimmung an den zu fügenden Keramikkomponenten während des Lötprozesses. Das Verfahren zur Bestimmung des Emissionsgrades wird in Kapitel 3.3.3. näher betrachtet.

Absorption, Reflexion und Transmission

Strahlung, die auf einen Körper auftrifft, führt zu unterschiedlichen Wechselwirkungen mit dem Material, je nach Materialeigenschaften und Wellenlänge der Strahlung. Die wesentlichen Licht-Material-Wechselwirkungen an einem Volumenelement, die den Laserlötprozess beeinflussen, zeigt das Schema in Abbildung 9. Auf einen Körper treffende Strahlung wird in drei Anteile aufgespalten:

- Reflexion (R),
- Absorption (A) und
- Transmission (T).

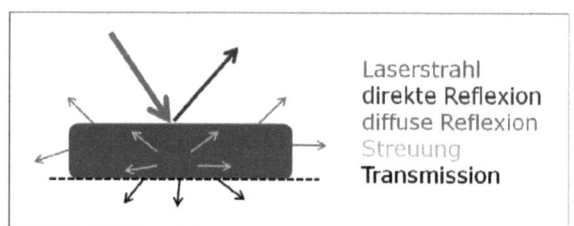

Abbildung 9 Strahlungsvorgänge an einem Volumenelement [BÖR, 10]

Bei der Reflexion wird der auf die Bauteiloberfläche auftreffende Laserstrahl zu einem Anteil von der Keramikoberfläche reflektiert. Dieser Anteil ist abhängig vom Material, von der Oberflächenbeschaffenheit, von der Oberflächentemperatur und von der Wellenlänge der einfallenden Laserstrahlung. Man kann zwischen gerichteter und ungerichteter Reflexion unterscheiden. Reflektierte Laserstrahlung steht der Keramik zur Erwärmung nicht zur Verfügung.

Die transmittierte Strahlung ist der Anteil der einfallenden Strahlung der das Volumen durchdringt. Weiterhin in der Abbildung 9 dargestellt ist die Strahlstreuung in dem Volumen. Der Laserstrahl wird beim Eindringen in das Material abgelenkt und in unterschiedliche Richtungen weitergeleitet. Je nach Größe des Streuwinkels wird Streuung in Vorwärts[19]- und Rückwärtsstreuung[20] unterteilt. Diese Streuvorgänge finden bevorzugt an Inhomogenitäten im Werkstoff, z. B. an Korngrenzen, Poren oder Phasengrenzen, statt. Bei der Nichtoxid-Keramik SiC spielt diese Art der Lichtstreuung eine untergeordnete Rolle und wird daher nicht weiter betrachtet.

Absorption beschreibt die Aufnahme eingestrahlter Energie in einem Körper. Die absorbierte Strahlungsenergie wird in andere Energiefor-

---

[19] Vorwärtsstreuung im Material bezeichnet Streuungen im Winkel von $\theta < 90°$.
[20] Rückwärtsstreuungen treten in Streuwinkeln von θ zwischen 90 und 180° auf.

men, besonders Wärmeenergie, umgewandelt. Auf dem Weg durch die Keramik verringert sich die Intensität des Laserstrahls durch die Absorption nach dem Lambert-Beer-Gesetz:

$$I = I_0\, e^{(-\alpha x)} \tag{6}$$

I = Intensität Strahlung; I_0 = eingestrahlte Intensität; α = Absorptions-grad; x = Eindringtiefe der Strahlung.

Reflektierte, absorbierte und transmittierte Anteile addieren sich zu 100 % des eingestrahlten Lichts:

$$R + A + T = 1 \text{ bzw. } 100\ \%. \tag{7}$$

Es gelten folgende Gleichungen:

$$\text{Reflexionsgrad} = \frac{R}{I_0}, \tag{8}$$

$$\text{Absorptionsgrad} = \frac{A}{I_0} \text{ und} \tag{9}$$

$$\text{Transmissionsgrad} = \frac{T}{I_0}. \tag{10}$$

Reflexions-, Absorptions- und Transmissionsgrad bezeichnen jeweils die Materialeigenschaft und sind sehr stark wellenlängenabhängig.

2.7.4. Optische Eigenschaften von SiC-Polytypen

Da SiC-Keramiken Laserstrahlung in Abhängigkeit von der Wellenlänge unterschiedlich absorbieren, ist die Auswahl der Laserwellenlänge entscheidend für den Fügeprozess. Da SiC hauptsächlich aus den Polytypen 6H, 3C und 4H besteht, werden die optischen Eigenschaften dieser Phasen ausgewertet.

Die von [SHA, 08] untersuchten SiC-Polytypen (6H, 3C und 4H) zeigen unterschiedliches Absorptionsverhalten in Abhängigkeit von der Laserwellenlänge. Die ermittelten Werte für 260 µm dicke Proben mit verschiedenen Kristallstrukturen sind in Tabelle 12 aufgeführt.

Tabelle 12 Laserabsorption von den SiC-Polytypen 6H, 3C und 4H [SHA, 08]

SiC-Polytyp	Wellenlänge [nm]	Transmission [%]	Reflexion [%]	Absorption [%]	Σ [%]
6H	500	69,93	15,83	14,24	100
	1000	0,00	13,14	86,86	100
	1500	0,00	12,59	87,41	100
3C	500	0,00	0,70	99,30	100
	1000	0,00	0,18	99,82	100
	1500	0,00	0,04	99,96	100
4H	500	37,28	23,31	39,41	100
	1000	54,72	22,01	23,27	100
	1500	61,08	21,65	17,27	100

Betrachtet man den SiC-Polytypen 6H, der mit einem Anteil von > 50 m-% Hauptbestandteil der meisten SiC-Keramiken ist, so ist aus Tabelle 12 ersichtlich, dass im Bereich der Laserwellenlänge von 500 nm eine signifikant höhere Transmission auftritt, während im Bereich von 1000 und 1500 nm keine Durchlässigkeit der Laserstrahlung zu verzeichnen ist. Der größte Anteil der einfallenden Strahlung in diesem Wellenlängenbereich wird vom Werkstück absorbiert (ca. 87 %). Die Reflexion ist weniger wellenlängenabhängig und erreicht in den untersuchten Wellenlängenbereichen Werte zwischen 12 und 16 %. Der Polytyp 3C weist in allen drei Wellenlängen keine Transmission auf. Die einfallende Strahlung wird zu mindestens 99 % absorbiert, nur ein kleiner Anteil an der Werkstoffoberfläche reflektiert. Die Kristallstruktur 4H zeigt im Gegensatz zu der 3C-Struktur eine Abhängigkeit der optischen Eigenschaften von der Laserwellenlänge. Der Anteil der Transmission nimmt mit länger werdenden Strahlen von ca. 37 % bis auf 61 % zu. Die Absorption verringert sich von ca. 39 % bei 500 nm bis 17 % im Wellenlängenbereich um 1500 nm. Der reflektierte Anteil bleibt über den gesamten, betrachteten Wellenlängenbereich nahezu konstant.

Eigene Messungen sollen die von [SHA, 08] ermittelten Werte mit den zum Fügen verwendeten Laserwellenlängen (808 und 940 nm) bestätigen. Dazu mussten der Reflexions- und Transmissionsanteil der SiC-Proben bestimmt werden. Zur Ermittlung dieser Anteile wurde ein Messverfahren entwickelt, dass auf dem Prinzip der „doppelten Ulbrichtkugeln" basiert. Die Abbildung 10 zeigt den prinzipiellen Aufbau der Apparatur.

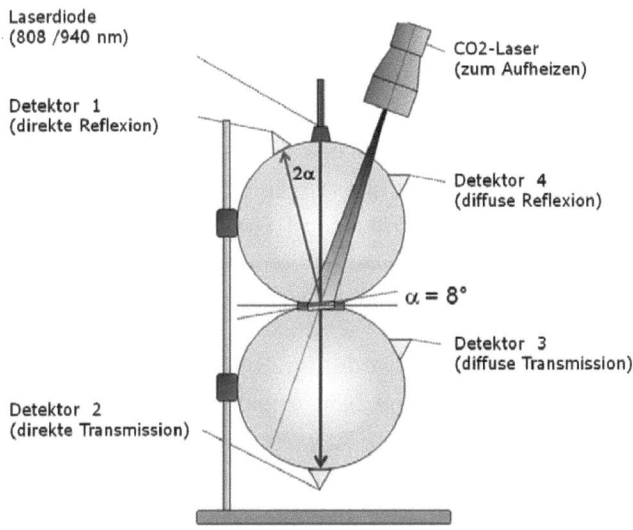

Abbildung 10 Messvorrichtung Reflexion und Transmission [BÖR, 10]

Die Messvorrichtung besteht aus zwei, über eine Lochblende optisch verbundenen Hohlkugeln, welche mit einer ideal lichtstreuenden Innenbeschichtung versehen sind. Diese führt dazu, dass die einfallende Strahlung in der jeweiligen Hohlkugel vollkommen homogen gestreut wird. Durch die so realisierte Integration der diffusen Strahlungsanteile reicht es aus, die Strahlungsintensität jeweils nur an einem Punkt der Kugelinnenfläche zu messen und über die gesamte Kugelinnenfläche zu integrieren. Die zu untersuchende Probe wird auf die Lochblende derart platziert, dass ihre Symmetrieachse zur Symmetrieachse der beiden Kugeln einen kleinen Winkel (hier: $\alpha = 8°$) bildet. Durch die Neigung der zu messenden Proben wurde die Möglichkeit geschaffen, die Anteile der direkten und der diffusen Reflexion bzw. Transmission getrennt voneinander zu bestimmen. Eine Präzisions-Laserdiode sendet einen Laserstrahl mit der interessierenden Wellenlänge und einer definierten Leistung auf die Probe. Laserdetektoren ermitteln die Strahlungsanteile der direkten (Rd) und diffusen Reflexion (Rg) sowie die Anteile der direkten (Td) und diffus gestreuten Transmission (Tg). Der in der Probe absorbierte Strahlungsanteil (A) errechnet sich dann nach Gleichung 11 zu:

$$A = 1 - Rd - Rg - Td - Tg \qquad (11)$$

Um die Temperaturabhängigkeit der Messwerte zu bestimmen, wird die Probe mittels eines CO_2-Laserstrahles erhitzt. Die Messanordnung ist so ausgelegt, dass die Wellenlänge des CO_2-Laserstrahles nicht mit der Wellenlänge des Mess-Lasers übereinstimmt. So kann durch wellenlängen-selektive Filter eine Beeinflussung der Messergebnisse durch die Strahlung des CO_2-Lasers vermieden werden. Die Datenaufnahme und –auswertung erfolgt mit Hilfe einer speziellen Software.

Die Voraussetzung für eine zuverlässige und reproduzierbare Messung sind komplett plan geschnittene bzw. zueinander parallele Oberflächen der zu messenden Proben. Jede Abweichung diesbezüglich beeinflusst die Messung negativ und liefert nur bedingt auswertbare Ergebnisse. Die maximale Messgenauigkeit wird bei einer Probenhöhe von 1 mm erreicht.

3. Experimentelle Bedingungen für das Laserfügen

Zur vollständigen Erfüllung der Aufgabenstellung – Fügen von elektrisch leitfähigen Keramikkomponenten – sind eine Vielzahl von Experimenten und Voruntersuchungen in den Bereichen:

- Materialherstellung,
- Verbindungstechnik und
- Charakterisierungsmethoden

notwendig. Die Materialherstellung der zu fügenden keramischen Komponenten erfolgte am Fraunhofer Institut für Keramische Technologien und Systeme in Dresden. Da es für die Anforderungen an die elektrisch leitfähige Fügeverbindung im Hochtemperaturbereich keine kommerziell verfügbaren Glaslote gibt, war eine entsprechende Lotherstellung erforderlich. Das Probenmaterial wird im Abschnitt 3.1. charakterisiert. Die Rohstoffe der Lote, die Glasherstellung und die Charakterisierungsmethoden sind in dem Kapitel 3.2. beschrieben. Alle benötigten technischen Geräte zur Fügung der keramischen Komponenten mittels Laserstrahlung werden unter 3.3. aufgeführt. Die Methoden der Charakterisierung der verwendeten SiC-Keramik hinsichtlich laserrelevanter Eigenschaften und der hergestellten Verbindungen sind in Kapitel 3.4. dargestellt.

Als Ausgangsmaterial für die Fügeversuche wurde dotiertes und dadurch in seiner elektrischen Leitfähigkeit verbessertes LPSSiC und SSiC verwendet. Bei dem Fügeprozess wird im Allgemeinen das Lot vor der Laserbestrahlung auf eine der Fügeflächen aufgebracht. Das Lot kann dabei in Form eines Pulvers, einer Suspension oder einer Folie eingesetzt werden. Anschließend werden die Bauteile unter dem Laserstrahl so platziert, dass eine homogene Erwärmung der Fügezone erreicht wird. Dabei ist es in den meisten Fällen von Vorteil, die rohrförmigen Bauteile unter dem Laserstrahl rotieren zu lassen. Nicht-rotationssymmetrische Proben werden wie in Kapitel 2.6.1. beschrieben, größenabhängig mit der festen Laseroptik, oder der Scan-Figur Ellipse gefügt. Der Aufheizprozess wird beendet, wenn das Lot im gesamten Fügespalt schmelzflüssig ist. Die Prozesszeit liegt für kleinformatige Bauteile typischerweise im Sekunden- bis Minutenbereich. Das Ziel ist die Herstellung einer poren- und blasenfreien sowie schmalen Fügenaht, damit die Angriffsfläche für korrodierende Medien in der Fügezone minimiert wird.

3.1. Verwendete elektrisch leitfähige SiC-Keramiken

Das Probenmaterial für diese Arbeit wurde von dem Fraunhofer Institut für Keramische Technologien und Systeme (IKTS) in Dresden entwickelt und bereitgestellt. Als Heizleitermaterial kamen unterschiedliche SiC-Werkstoffe zum Einsatz. Zu Beginn wurde mit einem flüssigphasengesinterten Siliciumcarbid (LPSSiC) gearbeitet. Da erste Ergebnisse der Fügeverbindungen starke Streuungen der gemessenen spezifischen Widerstände zeigten und Anwendungsmöglichkeiten der Heizelemente in anderen Temperaturbereichen interessierten, ist zu dem ein drucklos gesintertes Siliciumcarbid (SSiC) verwendet worden. Als Übergangsmaterial vom Heizleiter zu den Anschlusskabeln für die Stromzuführung wurde ein Kompositwerkstoff verwendet.

3.1.1. Stoffwerte und Eigenschaften der Keramiken

Flüssigphasengesintertes Siliciumcarbid (LPSSiC)

Als erstes Heizleitermaterial wurde flüssigphasengesintertes Siliciumcarbid (LPSSiC) verwendet. Dieses unterscheidet sich von anderen SiC-Werkstofftypen durch einen hohen Anteil (2 - 10 %) an oxidischen Additiven (Al_2O_3 und dem Seltenerdoxid Y_2O_3). Diese oxidischen Additive verändern die Werkstoffeigenschaften von LPSSiC gegenüber nahezu reinen SiC-Werkstoffen (SSiC oder RSiC) deutlich. Mit Hilfe der Additive und angepasster Sinterparameter kann der elektrische Widerstand der LPSSiC Werkstoffe beeinflusst werden. Kommerziell verfügbare LPSSiC Werkstoffe sind durch hohe Raumtemperaturwiderstände charakterisiert, die im Bereich von 10^5-10^3 Ωcm liegen. Bei Temperaturerhöhung sinkt der elektrische Widerstand durch die Aktivierung von freien Ladungsträgern auf Werte um ca. 10^0 Ωcm, so dass sich extrem starke Änderungen hinsichtlich des möglichen Stromflusses ergeben. Dem Fraunhofer IKTS gelang innerhalb der Arbeiten die Herstellung von LPSSiC Werkstoffen mit einem spezifischen elektrischen Widerstand < 20 Ωcm bei Raumtemperatur. Der Stromfluss ändert sich wesentlich weniger beim Heizbetrieb, da der minimale Hochtemperaturwiderstand bei 800 °C ca. 10^{-1} Ωcm beträgt. Das hergestellte LPSSiC, mit diesen elektrischen Eigenschaften, besteht zu 96 % aus SiC und zu 4 % aus $Al_2O_3 + Y_2O_3$. Der Phasengehalt der verschiedenen SiC-Polytypen und des Y-Al-Granates ($Al_5Y_3O_{12}$) sind der folgenden Tabelle dargestellt.

Tabelle 13 Phasengehalt der modifizierten LPSSiC-Keramik

Kristalline Phase	Anteil in m-%
SiC (6H)	62,72 ± 1,80
SiC (15R)	16,73 ± 2,22
SiC (4H)	14,33 ± 1,62
SiC (3C)	0,77 ± 0,99
Y-Al-Granat	2,28 ± 0,36
WC	3,17 ± 0,19

Die erhaltenen LPSSiC Werkstoffe wurden hinsichtlich der für Heizleiter relevanten Eigenschaften untersucht. Eine Zusammenfassung der ermittelten Daten ist in Tabelle 14 dargestellt.

Tabelle 14 Eigenschaften des modifizierten LPSSiC-Werkstoffes

Eigenschaft	bei 50°C	bei 600°C	bei 1100°C
Dichte [g/cm³]	3,19	3,16	3,14
spez. Wärmekapazität [J/(kgK)]	760	1160	1230
therm. Ausdehnungskoeffizient [10^{-6}/K]	2,94	4,36	4,99
Wärmeleitfähigkeit [W/(mK)]	103	121	81
spez. elektr. Widerstand [Ωcm]	17,6	0,45	0,23 bei 800 °C

Drucklos gesintertes Siliciumcarbid (SSiC)

Durch die Arbeiten von [PRO, 74] und [COP, 76] ist es gelungen alpha-Siliciumcarbid drucklos zu sintern und hierbei Werte > 95 % der theoretischen Dichte bei Sintertemperaturen um die 2000 °C zu erzielen. Voraussetzung hierfür sind sehr feine SiC-Pulver als Ausgangsstoffe und ein geringer Zusatz an Sinteradditiven wie Bor und Kohlenstoff [SAL, 83]. Dieser drucklos gesinterte SiC-Werkstoff (SSiC) kann ebenfalls als Heizleitermaterial verwendet werden, wenn durch die Sinterparameter die elektrisch leitfähigen Eigenschaften angepasst werden. Nach dem Sinterprozess bei 2250 °C ist ausschließlich die α-Modifikation mit den typischen Polytypen zu finden. Neben dem Hauptbestandteil der hexagonalen Struktur 6H, ist die Struktur 4H und die rhomboedrische Struktur 15R im Werkstoff vorhanden. Die erhaltenen SSiC-Werkstoffe wurden hinsichtlich der für Heizleiter relevanten Eigenschaften untersucht und ein spezifischer elektrischer Widerstand bei Raumtemperatur von 4,1 Ωcm ermittelt. Da der Grenzwert von 20 Ωcm bei Raumtemperatur unterschritten wurde, ist der Einsatz des Materials als Heizleiter möglich. Die Eigenschaften des verwendeten SSiC, die für den Einsatz des Materials im Hochtemperaturbereich interessant sind, sind in der Tabelle 15 zusammengefasst.

Tabelle 15 Eigenschaften der für Heizleiteranwendungen optimierten SSiC-Werkstoffe

Eigenschaft	bei 50°C	bei 600°C	bei 1100°C
Dichte [g/cm^3]	3,1	n.b.	n.b.
spez. Wärmekapazität [J/(kgK)]	648	1087	1079
therm. Ausdehnungskoeffizient [10^{-6}/K]	4,0	n.b.	n.b.
Wärmeleitfähigkeit [W/(mK)]	53,6	33,7	23,0
spez. elektr. Widerstand [Ωcm]	4,14	0,18	0,15 bei 800 °C

Kompositwerkstoff

Die elektrische Kontaktierung der Heizelemente trägt wesentlich zur Erreichung der Zielstellung bei. Da eine direkte Anbindung von Kabeln als Stromzuführung nicht möglich ist, weil am Heizelement zu hohe Temperaturen anliegen, ist ein keramischer Übergang notwendig. Dieses Übergangselement zum Elektrokabel muss folgende Anforderungen erfüllen:

- gute elektrische Leitfähigkeit (a)
- geringe thermische Leitfähigkeit (b)
- chemische Kompatibilität zum Heizleitermaterial (c)
- hohe thermische Beständigkeit (d)
- keine Oxidationsanfälligkeit (e)
- hochtemperatur- und temperaturwechselbeständige Anbindung an das Heizelement (f).

Die Liste der Anwendungen limitiert die geeigneten Werkstoffe erheblich. Das gesamte Eigenschaftsspektrum kann von keinem einphasigen Werkstoffe ausreichend erfüllt werden. Deshalb wurde ein am Fraunhofer IKTS entwickelter keramischer Komposit eingesetzt, der als Hauptkomponente Siliciumnitrid (Si_3N_4) enthält. Siliciumnitrid erfüllt in ausreichendem Maß die Forderungen (b-e), wenn ein Verbund mit Siliciumcarbid (SiC) hergestellt werden soll. Die unter (a) geforderte elektrische Leitfähigkeit kann eingestellt werden, wenn zusätzlich die metallähnliche Komponente Molybdändisilizid ($MoSi_2$) in die Siliciumnitridmatrix einbracht wird. Dadurch gelingt es eine elektrische Leitfähigkeit des Keramikkomposits einzustellen, die etwa zwei Größenordnungen über dem des Heizleitermaterials liegt. So wird ein Leistungsabfall am Kontaktelement vermieden und die elektrische Leistung kann am Heizelement zu mehr als 98 % in Wärmeenergie umgewandelt werden. Die Eigenschaften des verwendeten Kompositwerkstoffes, die für den Einsatz des Materials im Hochtemperaturbereich interessant sind, sind in der folgenden Tabelle 16 zusammengefasst.

Tabelle 16 Eigenschaften der optimierten Komposit-Werkstoffe

Eigenschaft	bei 50°C	bei 600°C	bei 1100°C
Dichte [g/cm³]	4,21	4,16	4,13
spez. Wärmekapazität [J/(kgK)]	606	829	859
therm. Ausdehnungskoeffizient [10^{-6}/K]	3,69	4,88	5,59
Wärmeleitfähigkeit [W/(mK)]	51,1	27,1	19,0
spez. elektr. Widerstand [Ωcm]	$2,9*10^{-4}$	$1,0*10^{-3}$	$1,4*10^{-3}$ bei 800 °C

Das in Abbildung 11 dargestellte Diagramm zeigt zusammenfassend die spezifischen elektrischen Widerstände der verwendeten Werkstoffe. Es ist deutlich zu erkennen, dass durch die Modifizierung der SiC-Keramiken der spezifische Widerstand signifikant beeinflusst wurde. Während kommerziell verfügbares LPSSiC einen sehr hohen Raumtemperaturwiderstand von ca. 42.000 Ωcm aufweist, konnte mit Hilfe der Addtive der Widerstand, um mehrere Größenordnungen, auf ca. 18 Ωcm gesenkt werden. Für den verwendeten SSiC-Werkstoff sind im Vergleich dazu spezifische Widerstände von ca. 5,5 Ωcm ermittelt worden. Das Kompositmaterial hat mit 0,001 Ωcm den geringsten Widerstand.

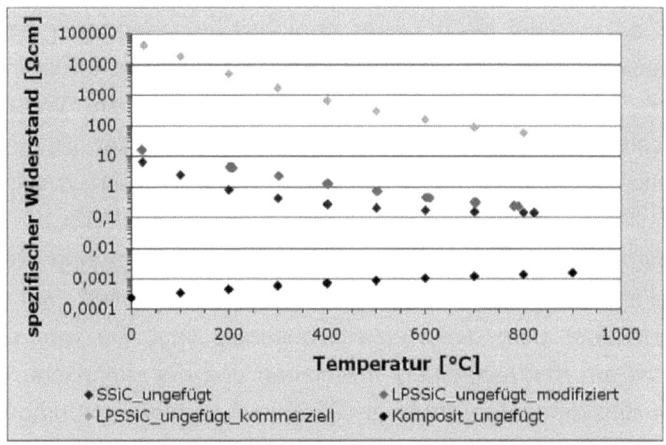

Abbildung 11 Spezifische Widerstände der verwendeten Werkstoffe

Zur Bestimmung des Absorptionsverhaltens der SiC-Werkstoffe mussten die Transmission und die Reflexion nach Abbildung 10 gemessen werden. Aus der Formel (11) ergaben die Messungen der optischen Eigenschaften an 1 mm dicken Scheiben eine Laserabsorptionsrate bei 808 nm von 86,5 % und eine Reflexionsrate von 12,5 %. Da keine Transmission gemessen wurde, ist die Differenz von 1 % auf Messungenauigkeiten zurückzuführen. Die Messergebnisse sind in der folgenden Abbildung 12 grafisch dargestellt.

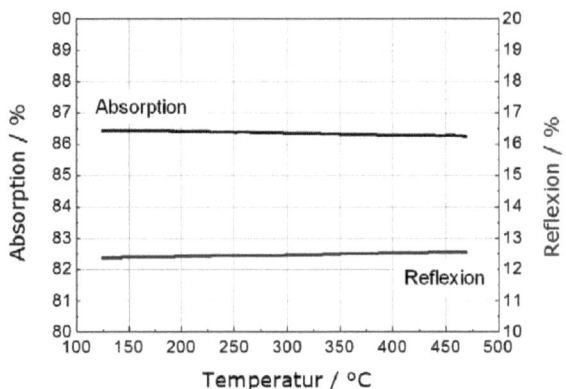

Abbildung 12 Laserabsorption und –reflexion von SiC-Keramik

Die von Nd:YAG und Diodenlasern emittierte Strahlung wird von SiC-Keramik zum großen Teil an der Oberfläche absorbiert. Der Energietransport in die Tiefe der Bauteile erfolgt vor allem durch Wärmeleitungsprozesse, die durch die gute Wärmeleitfähigkeit der SiC-Keramik von 54 bis 121 W/(mK) begünstigt wird.

Zusammenfassend kann gesagt werden, dass sich die an den SSiC Proben gemessenen Werte gut in die Messwerte aus [SHA, 08] einreihen.

3.1.2. Probengeometrien der keramischen Komponenten

Zur Lösung der Aufgabe wurden klein- und großformatige Bauteile mit Laserstrahlung gefügt. Zu den kleinformatigen Probekörpern zählen die Proben, die eine maximale Gesamtlänge von L = 150 mm und einen Durchmesser von D = 50 mm nicht überschreiten. Sie standen für Untersuchungen hinsichtlich:

- optimaler Laserparameter,
- mechanischer Festigkeit,
- spezifischen elektrischen Widerstände und
- Qualität der Fügenaht

zur Verfügung. Zur Erreichung der Gesamtzielstellung ist es notwendig Bauteile zu komplexen Strukturen zu verbinden. Für konkrete Anwendungen wurden Heizleiter mit der besonderen Herausforderung konstruiert, dass die Möglichkeiten der Keramiktechnologie, die Möglichkeiten und Anforderungen der Fügetechnologie und die Funktionalität hinsichtlich elektrischer, thermischer und mechanischer Anforderungen gleichzeitig erfüllt werden.

Die Tabelle 17 zeigt alle kleinformatigen Proben zur Bestimmung der relevanten Eigenschaften. Die Probengeometrien variieren von massiven rechteckigen Proben bis zu rotationssymmetrischen kleinen Rohren. Die Laserparameter zum Fügen können der Tabelle entnommen werden und sind auf die jeweiligen Geometrien der Proben angepasst.

Innerhalb des Forschungsprojektes „eJoin - Entwicklung von hochtemperaturbeständigen keramischen Fügeverbindungen mit definiert elektrischen Eigenschaften"; (SAB-Projektnummer: 12739/2118) sollten zwei Demonstrationsanlagen mit lasergefügten, großformatigen Heizelementen aufgebaut werden. Der Projektpartner RIA[21] konzipierte ein Warmhaltetiegel für eine Aluminiumgießerei. Dabei bestand die Notwendigkeit die elektrisch leitfähige Keramik untereinander und mit dem Kompositmaterial zu verbinden. Ein weiterer Projektpartner baute eine Demonstrationsanlage auf, die Verdampferrohre für Beschichtungen benötigt. Dazu mussten SSiC-Heizrohre mittels Laserstrahlung gefügt werden.

In der Tabelle 18 sind die großformatigen Bauteile mit ihren Abmessungen dargestellt.

Der Nachweis der Funktionalität der lasergelöteten keramischen Heizer wurde mit den Demonstrationsanlagen erbracht und ist im Ergebnisteil dieser Arbeit anhand von Aufheiz- und Testversuchen mit Auswertung und Beurteilung in Kaptiel 4.3.4. zu finden.

---

[21] RIA: Die Rackwitzer Industrieanlagen GmbH ist ein Systemlieferant für Industrieanlagen, ansässig in Rackwitz.

Tabelle 17 Geometrie, Abmessungen und Laserparameter der kleinformatigen Proben

Bezeichnung	Biegestäbchen	Platten
Geometrie		
Abmessungen	L = 25 mm, B = 5 mm, H = 4 mm	L = 38 mm, B = 20 mm, H = 50 mm
Laserparameter		
Rotation	nein	nein
Scan-Figur	feste Optik	Ellipse: 24 x 2 mm²
Strahldurchmesser	ø = 17 mm	ø = 17 mm
Laserleistung	560 W	790 W
Scan-Geschwindigkeit	-	500 mm/s
Rotationsgeschwindigkeit	-	-
Bezeichnung	**Stäbe**	**Quader mit Bohrungen**
Geometrie		
Abmessungen	L = 30 mm, B = 9 mm, H = 8 mm	L = 20 mm, Bohrungen: 5 mm tief, B = 20 mm, H = 10 mm
Laserparameter		
Rotation	nein	nein
Scan-Figur	Ellipse 13 x 2 mm²	Ellipse: 24 x 2 mm²
Strahldurchmesser	ø = 13 mm	ø = 13 mm
Laserleistung	1360 W	1680 W
Scan-Geschwindigkeit	500 mm/s	500 mm/s
Rotationsgeschwindigkeit	-	-
Bezeichnung	**Röhrchen**	**Rohrstücke**
Geometrie		
Abmessungen	L = 23 mm, D_a = 10 mm, D_i = 4 mm	L = 35 mm, D_a = 30 mm, D_i = 20 mm
Laserparameter		
Rotation	ja	ja
Scan-Figur	feste Optik	Ellipse: 15 x 3 mm²
Strahldurchmesser	ø = 13 mm	ø = 13 mm
Laserleistung	660 W	bis 2210 W
Scan-Geschwindigkeit	-	500 mm/s
Rotationsgeschwindigkeit	15000 grd/min	16000 grd/min

Bei der Konzipierung der großformatigen Heizelemente standen die Anforderungen:

- thermische Stabilität bis 850 °C,
- gute Wärmeübertragung,
- günstige konstruktive Gestaltung zum Laserfügen,
- günstige Befestigung im Demonstrator,
- funktionssichere elektrische Anbindung und
- ausreichende mechanische Stabilität

im Vordergrund. Die Bilder 1 und 2 aus der Tabelle 18 zeigen Entwürfe für ein Heizelement, die die genannten Anforderungen vereinen. Die relativ einfache geometrische Form gewährleistet eine kostengünstige Herstellung. Die einzelnen Segmente des Heizleiters passen durch zusätzliche Elemente formschlüssig zusammen, was die Fixierung des Gesamtbauteils während des Laserfügeprozesses erleichtert. Als besondere Herausforderung stellte sich die geometrische Gestaltung der Fügeflächen heraus. An dieser Stelle müssen die Möglichkeiten der Keramiktechnologie, die Anforderungen des Fügeprozesses und die Funktionalität hinsichtlich elektrischer, mechanischer und thermischer Anforderungen gleichzeitig erfüllt werden.

Tabelle 18 Geometrie und Abmessungen der verwendeten großformatigen Bauteile

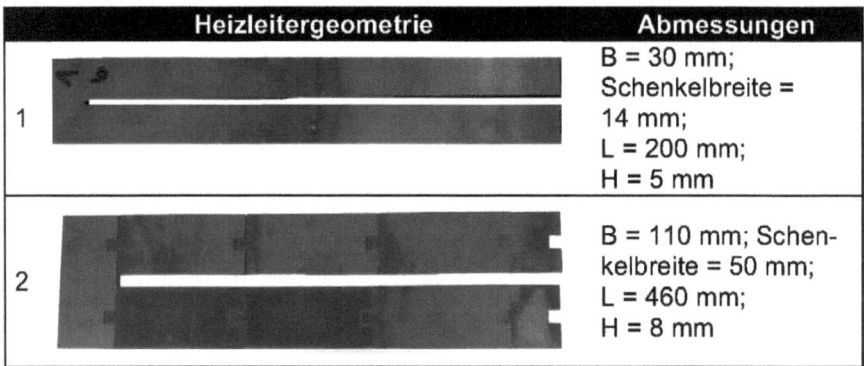

	Heizleitergeometrie	Abmessungen
1		B = 30 mm; Schenkelbreite = 14 mm; L = 200 mm; H = 5 mm
2		B = 110 mm; Schenkelbreite = 50 mm; L = 460 mm; H = 8 mm

Heizleitergeometrie		Abmessungen
3		D_a = 40 mm; D_i = 30 mm; Wandstärke = 5 mm; L = 255 mm (mit Nahtformung) Gesamtlänge gefügt = 510 mm
4		D_a = 60 mm; D_i = 50 mm; Wandstärke = 5 mm; L = 270 mm (mit Nahtformung) Gesamtlänge gefügt = 540 mm

Die rechteckige Geometrie (Bilder 1 und 2 in Tabelle 18) der Heizleiter hat den Vorteil, dass die Wärmeübertragungsfläche groß ist. Bei den rotationssymmetrischen Bauteilen ist die Kontaktfläche kleiner. Diese Ausführungsform ist für Keramiken, aufgrund der Schlagempfindlichkeit, nicht geeignet. Gerade in den Randbereichen sind herstellungstechnisch die höchsten Spannungen messbar. Es müssen Ecken und Kanten vermieden werden. Für den Laserfügeprozess eignen sich ebenfalls die rotationssymmetrischen Bauteile besser, da der Energieeintrag durch die Laserstrahlung gleichmäßiger erfolgen kann.

Die Variante von Heizelementen für die Demonstratoranlage „Aluschmelze" (Tabelle 19, Bild 3) besteht aus zwei über das Laserlötverfahren miteinander verbundene Rohre aus SSiC, die den Heizleiter bilden. An den beiden Enden befinden sich über die gleiche Methode angebunden kürzere Rohre aus einem Kompositwerkstoff (Mischkeramik), die als Verbindung zwischen dem SSiC-Heizleiter und den metallisch-elektrischen Anschlüssen dienen sollen.

Die Geometrie für die benötigten Heizelemente der Beschichtungsanlage geht auf bereits vorhandene Verdampferanlagen des Projektpartners zurück. Sie bestehen aus kreisrunden Rohrsegmenten. Allerdings wurde der Bereich der Fügezone verändert, um eine Anpassung an die neue Fügemethode zu gewährleisten (Tabelle 19, Bild 4). Damit die Proben während der Laserbearbeitung sich selbst zentrieren wurde eine Steckkonstruktion gewählt. Ein weiterer Vorteil einer solchen Steckverbindung ist eine höhere Stabilität während und nach dem Fügeprozess.

3.2. Geräte und Vorgehensweise der Glaslotherstellung

3.2.1. Rohstoffe und Zusammensetzung

Die Syntheselote werden für drucklos mit Additiven gesinterte SSiC-Keramik mit einen technischen Ausdehnungskoeffizient von $\alpha_{20\text{-}1000°C} = 5{,}2 \cdot 10^{-6}/°K$ sowie für bei 1900 °C flüssigphasengesinterte SiC-Keramik (LPSSiC) ($\alpha_{20\text{-}1000°C}$ $5{,}0 \cdot 10^{-6}/°K$) ausgewählt.

Für die Lotherstellung werden Al_2O_3 – Pulver der Firma Martinswerk Bergheim der Qualität MR 70, SiO_2 in Form von Microsilica (Abfallstoff bei der Si – Herstellung) sowie Y_2O_3 – Pulver der Fa. H.C. Starck in der Körnung Grade C (5 – 10 µm) verwendet.

Aus dem ternären System Y_2O_3-SiO_2-Al_2O_3 (im Folgendem kurz: YSiAl_#) wurden mehrere Zusammensetzungen ausgewählt und Lote hergestellt. Vorzugsweise befinden sich die Lote im SiO_2-armen Bereich des Dreistoffsystems, da diese Lote eine niedrigere Viskosität bei höheren Temperaturen zeigen und den Fügespalt vollständig ausfüllen können. Die Zusammensetzungen der hergestellten Glaslote (YSiAl_1, _2, _4 und _15) sind in der Tabelle 19 aufgeführt und in Abbildung 13 eingetragen.

Tabelle 19 Zusammensetzung der ausgewählten Grundlote

Bezeichnung	Y_2O_3 [m-%]	SiO_2 [m-%]	Al_2O_3 [m-%]	T_{Sch} [°C]	Y_2O_3/ Al_2O_3- Verhältnis
YSiAl_1	38,0	35,0	27,0	1450	1,41
YSiAl_2	44,0	38,0	18,0	1450	2,44
YSiAl_4	55,5	17,5	27,0	1500	2,60
YSiAl_15	46,8	18,0	35,2	1500	1,33

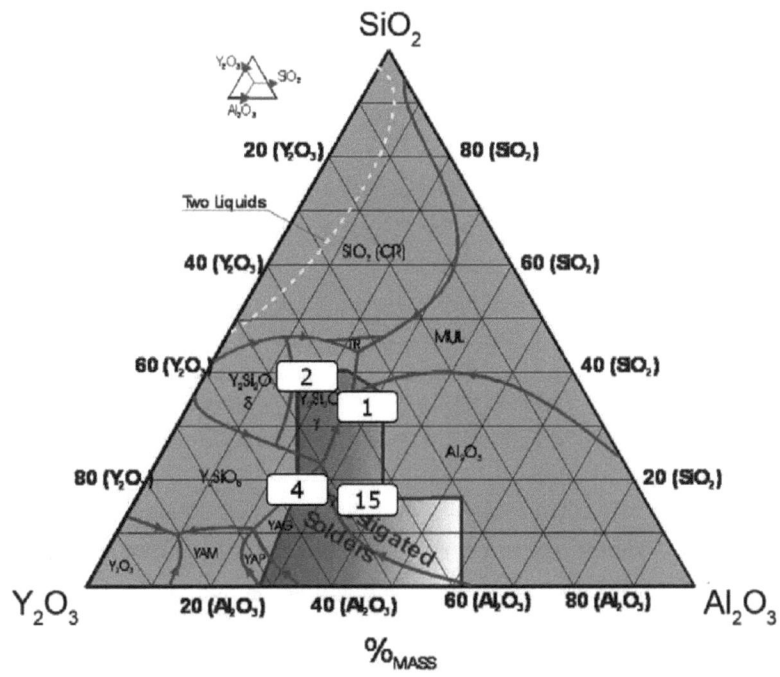

Abbildung 13 Ternäres Stoffsystem von Y_2O_3-SiO_2-Al_2O_3

Bei der Synthetisierung des Glas-Keramiklotes entspricht das Lot YSiAl_1 der Zusammensetzung der mittels EDX bestimmten Bindephase in der LPSSiC-Keramik, YAlSi_2 ist reicher an SiO_2 und Y_2O_3. Die Zusammensetzung YSiAl_1 befindet sich bei ca. 1500 °C im Dreistoffsystem Y_2O_3-Al_2O_3-SiO_2 im Gebiet der flüssigen Phase, die Zusammensetzung YSiAl_2 liegt entsprechend Abbildung 13 am linken Rand dieses Gebietes. Außerdem wird ein Gemisch von Y_2O_3/Al_2O_3 mit einem Y_2O_3/Al_2O_3-Verhältnis von 0,67 hergestellt. Das Gemisch YAl1 mit einem Y_2O_3/Al_2O_3-Verhältnis von ~2,7 wird dem Keramiklot YSiAl_1 in solchen Mengen zugesetzt, dass der SiO_2-Gehalt abnimmt, während der Y_2O_3- und der Al_2O_3-Gehalt ansteigt (Lot YSiAl_4).

Um die Funktionalität der Heizleiter zu gewährleisten, ist es erforderlich, die Fügeverbindung elektrisch leitfähig zu gestalten. Die Machbarkeit der elektrischen Anbindung wurde auf zwei Wegen untersucht. Im ersten

Verfahren wird Graphit als elektrisch leitfähige Brücke in die Fügezone eingebracht. Die Grundidee beruht darauf, die gute elektrische Leitfähigkeit von Graphit zu nutzen, die auch bei höheren Temperaturen gewährleistet ist. Da die Anwendung der Heizleiter letztendlich unter „normalen" Bedingungen erfolgt, müssen die Graphitstifte vor Oxidation geschützt werden. Die Herausforderung für den an freier Atmosphäre durchgeführten Laserprozess besteht also darin, durch gezielten Loteintrag die Oxidation des Graphites zu verhindern, die mechanische Stabilität der Fügeverbindung zu gewährleisten und gleichzeitig ausreichend Kontaktfläche für die elektrische Leitfähigkeit zu schaffen.

Da sich Bohrungen negativ auf die Festigkeit der Keramik auswirken, wird in diesem Zusammenhang ein alternatives Konzept untersucht, bei dem das Glaslot mit elektrisch leitfähigen Zusätzen dotiert und ebenfalls für Fügeversuche verwendet wird. Mit dieser Methode wird das Ziel verfolgt, bei Einstellung der gewünschten elektrischen Leitfähigkeit der Fügenähte, die Wechselwirkungen zwischen Anteil und Größe der Dotierstoffe einerseits und den dadurch veränderten Fließ- und Benetzungseigenschaften andererseits zu untersuchen. Die Anpassung der elektrischen Leitfähigkeit erfolgt durch das Zumischen einer elektrisch hoch leitfähigen keramischen Komponente zum Basislot. Als sehr gut geeignet erwies sich dabei Molybdändisilizid ($MoSi_2$). Die hervorragende elektrische Leitfähigkeit resultiert aus einem hohen Anteil an Elektronenleitung im $MoSi_2$. Da Molybdändisilizid eine Liquidustemperatur von 2030 °C besitzt und außerordentlich oxidationsbeständig ist, verhält es sich während des Fügeprozesses inert, das heißt es schmilzt nicht auf und reagiert auch chemisch nicht mit dem oxidischen Basislot.

Da mit dem Lot eine elektrisch leitfähige Keramik verbunden werden muss, ist es notwendig die temperaturabhängige elektrische Leitfähigkeit des Glaslotes zu bestimmen und mit der Keramik zu vergleichen. Zudem ist die Verträglichkeit des Lotes mit den jeweiligen Anwendungsbedingungen durchzuführen, um sicher zu stellen, dass das Lot keine Wechselwirkung eingeht.

3.2.2. Synthese der oxidischen Ausgangsstoffe

Da eine vollständige Synthese der Lotausgangsstoffe während des sehr kurzen Laserprozesses nicht realisierbar ist, müssen die Glaslote in einem vorgeschalteten Prozessschritt synthetisiert werden. Die technologischen Schritte zur Glaslotherstellung sind in der folgenden Tabelle 20 beschrieben.

Tabelle 20 Schritte der Lotherstellung

Arbeitsschritt	Beschreibung
Wiegen	Für die Lotherstellung wurden Al_2O_3-Pulver der Fa. Martinswerk Bergheim der Qualität MR 70, SiO_2 in Form von Microsilica (Abfallstoff bei der Si-Herstellung) sowie Y_2O_3-Pulver der Fa. H.C. Starck in der Körnung Grade C (5 - 10 µm) verwendet.
Mischen	Mit einem Labor-Rührwerk erfolgt das Einrühren des trockenen vorgemischten Pulvers in Ethanol.
Trocknen und Granulieren	Das Gemisch wird im Sandbad bei T > 78 °C getrocknet, anschließend im Trockenschrank zur Entfernung des Lösungsmittels aufbewahrt.
Schmelzen/Sintern	Das Schmelzen des Gemenges erfolgt in Pt/Rh-Tiegeln in einen Hochtemperaturofen bei Temperaturen, die nach Phasengleichgewichtsberechnungen anhand des Programmcodes Factsage berechnet wurden. Je nach Lotzusammensetzung erfolgt das Schmelzen ca. 200 °C über der im Erhitzungsmikroskop ermittelten Fließtemperatur bei 1 bar und 10 K/min Aufheizheit.
Zerkleinerung Vorbrechen	Eine grobe Vorzerkleinerung wird durch Abschrecken der Lotschmelze in kaltem Wasser erreicht.
Zerkleinerung Feinmahlen	Die weitere manuelle Zerkleinerung auf ca. 2 mm Körnung und die anschließende Feinmahlung wird in einer Fliehkraftmühle mit Achatmahlkugeln (d = 20 bzw. 10 mm) für je 15 bis 30 min durchgeführt.
Sieben	Zum Abschluss werden die Glaspartikel bei einer Maschenweite von 63 µm abgesiebt. Als Lotpulver wird der Anteil > 63 µm verwendet.

3.2.3. Gerätetechnische Ausstattung zur Lotherstellung

Hochtemperaturofen

Das Schmelzen der Lote erfolgt in einem Hochtemperaturofen der Firma Thermoconcept GmbH, Typ: HTL 4/17. Die Rohstoffmischung wird in einem Pt/Ph-Tiegel aufgeschmolzen. Die folgende Abbildung 14 zeigt das Aufheizregime des Glaslotes am Beispiel der Lotzusammensetzung YSiAl_1.

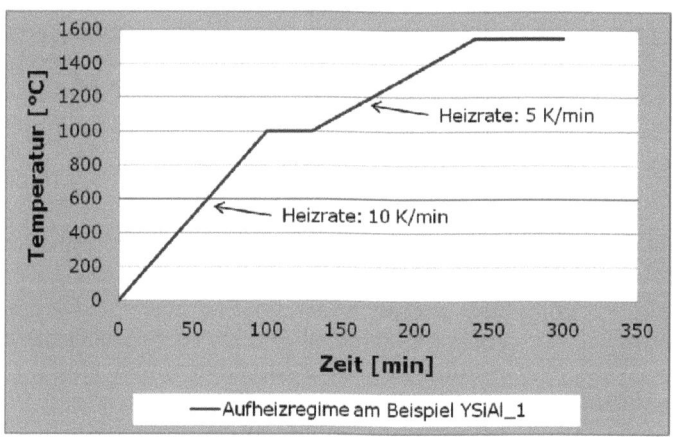

Abbildung 14 Aufheizregime zum Aufschmelzen der Glaslote

Die Syntheselote werden durch Abschrecken der Lotschmelze in kaltem Wasser grob vorzerkleinert, danach in der Fliehkraftmühle P6 (Fa. Fritzsch, Mahlbehälter und Kugeln aus Achat) bei Umdrehungsgeschwindigkeiten von 800 bis 1500 U/min ca. 15 bis 30 min mit Kugeln 20 mm $\varnothing$ und 15 bis 30 min mit Kugeln 10 mm $\varnothing$ fein gemahlen und bei 63 µm abgesiebt.

Vakuumkammer

Zur elektrisch leitfähigen Modifizierung der synthetisierten Glaslote war eine Vakuumkammer notwendig. Darin konnten Schmelztests der Lote mit unterschiedlich elektrisch leitfähigen Additiven im Hochvakuum durchgeführt werden. Zur Durchführung der Fügeversuche im Vakuum wurde eine speziell angefertigte Vakuumkammer (Fa. InnoVap Dresden,

Typ: VAC 460) mit einem Volumen von V = 30 l verwendet. Die Abbildung 15 zeigt die Vakuumkammer und die Anordnung der Sichtfenster für den Laserstrahl und die Thermokamera.

Abbildung 15 Vakuumkammer mit Laserstrahl- und Thermokamerasichtfenster

Das benötigte Vakuum wird über eine Drehschieberpumpe vorevakuiert. Durch eine nachgeschaltete Turbomolekularpumpe (Fa. Oerlikon, Typ Turbovac) kann ein Hochvakuum von $p = 10^{-5}$ mbar erzeugt werden. Der Laserstrahl wird über eine laserstrahldurchlässige Scheibe über den Kammerdeckel zu dem Bauteil geleitet. Sichtfenster ermöglichen die Temperaturaufnahme mit der Thermokamera.

3.2.4. Eigenschaftsbestimmung der hergestellten Glaslote

Die Eigenschaften der verwendeten Glaslote YSiAl_1, YSiAl_2 und YSiAl_4 wurden experimentell an externen Instituten (TU Bergakademie Freiberg und Fraunhofer IKTS Dresden) ermittelt. Zur Bestimmung der thermischen Eigenschaften der Lote sind die thermische Dehnung mittels Dilatometer, Thermoanalyse zur Ermittlung des charakteristischen Energieumsatzes mittels Differenz-Thermoanalyse und Thermogravimetrie (kurz: DTA/TG) und erhitzungsmikroskopische Aufnahmen (EHM) zum Fließverhalten der Gläser untersucht worden. Die Phasenzusammensetzung der Gläser wurde mit dem Röntgendiffraktometer bestimmt. Desweiteren kam zur Charakterisierung der Lote ein Rasterelektronenmikroskop (REM) mit angekoppelter energiedispersiven Röntgenspektroskopie (EDX) zum Einsatz. Mögliche Reaktionen und Phasengleichgewichte konnten mit dem Computertool Chemsage/Factsage ermittelt werden.

Die thermische Ausdehnung eines Materials ist ein Maß dafür, wie das Volumen eines Körpers auf Änderungen der Temperatur reagiert und eine Funktion der Temperatur. Da die thermische Dehnung für das Laserfügen immens wichtig ist, wurde die Wärmedehnung $α_{lin}$ mit einem Dilatometer nach DIN–ISO-7884–8 gemessen. Das verwendete Dilatometer konnte nur bis zu Temperaturen von < 1000 °C aufgeheizt werden, weshalb das Lot YSiAl_1 für die Messung mit 2 Ma.-% des Flussmittels Na_2O versehen worden ist. Aus der gemessenen Dehnung ist der mittlere Längenausdehnungskoeffizient α(T) zu berechnen entsprechend:

$$l_T = l_0 + l_0 \cdot \alpha(T) \cdot \Delta T \quad \text{und} \tag{12}$$

$$\alpha(T) = \frac{l_T - l_0}{l_0 \cdot (T - T_0)} = \frac{\Delta l}{l_0 \cdot \Delta T} \quad \text{mit} \tag{13}$$

α(T) = mittlerer Längenausdehnungskoeeffizient;
T_0 = Bezugstemperatur (meist 20 °C);
T = Messtemperatur;
l_0 = Probekörperlänge bei Bezugstemperatur;
l_T = Probekörperlänge bei Messtemperatur;
Δl = korrigierte Längenänderung der Probe im Bereich ΔT.

Weitere thermische Eigenschaften der Lotgläser wurden mit den Verfahren Thermogravimetrie (TG) und der Differenzthermoanalyse (DTA) ermittelt. Beide Verfahren beruhen auf dem Konzept des thermischen Effektes. Wird einer Substanz kontinuierlich Wärme zugeführt oder entzogen, dann kommt es zur Abweichung von der Solltemperatur durch mögliche Reaktionen. Solche Erscheinungen treten auf, wenn flüchtige Bestandteile abgegeben werden, Zersetzungen und Phasenneubildungen, polymorphe Umwandlungen und Schmelzvorgänge stattfinden, Phasen untereinander reagieren sowie Reaktionen mit der Gasphase erfolgen. Die Ergebnisse werden in einem Thermogramm dargestellt. Gerade für amorphe Substanzen ist die Identifizierung derartiger Vorgänge wertvoll. Mit einem Thermal Analyzer der TU BAF, Institut für Keramik, Glas und

Baustofftechnik konnten die Glasumwandlungstemperatur T_{Onset} und die Kristallisationstemperatur T_K beim Abkühlen nach DIN-51007 ermittelt werden.

Das Erhitzungsmikroskop wurde für Untersuchungen des Verhaltens des Glaslotes während einer kontinulierlichen Wärmezufuhr genutzt. Mit diesem Gerät können charakterisitische Temperaturen, wie die Schmelztemperatur und der Erweichungspunkt, das Benetzungsverhalten sowie die Art der Verformungen der Proben untersucht werden. Im Wesentlichen besteht eine solche Messapparatur aus einem Ofen, einer Lichtquelle und einem Mikroskop mit angekoppelter Kamera. Die Probe wird auf einem Probeträger positioniert und in den Ofenraum geführt. Anhand von Schattenbildern kann das Verhalten des Lotes bis zum Fließen beobachtet werden. Die Auswertung der Bilder erfolgt über einen PC mit entsprechender Software. Es können der Schwindungsbeginn sowie die maximale Schwindung ermittelt werden. Das Erweichen der Proben ist erkennbar an den abgerundeten Kanten der Versuchsprobe. Eine weitere charakteristische Temperatur ist der Halbkugelpunkt, bei dem der Probekörper schmilzt und eine Halbkugel bildet. Dabei entspricht die Höhe der Probe dem Radius. Bei einer weiteren Temperaturerhöhung schmilzt die Probe auf der Unterlage. In dieser Phase kann das Fließverhalten der Lotprobe beobachtet werden. Die Gläser YSiAl_1 und YSiAl_2 Proben wurden von Raumtemperatur bis 1500 °C mit einer Geschwindigkeit von 10 K/min aufgeheizt. Für die höher schmelzenden Lote YSiAl_4 und YSiAl_15 betrug die Endtemperatur 1600 °C.

Die Phasenzusammensetzung der Gläser wurde röntgenographisch ermittelt. Die Bestimmung erfolgte mit einem Röntgendiffraktometer D 500 der Fa. Siemens. Röntgen-strahlen haben die Eigenschaft wie sichtbares Licht, an einem Gitter Beugungserscheinungen zu zeigen. Da die Wellenlänge der Röntgenstrahlung in der Größenordnung der Abstände der Bausteile von Kristallgittern liegt, können diese als dreidimensionales Beugungsgitter für Röntgenstrahlen wirken. Durch Interferenzvorgänge bei der Beugung an einer bestimmten Netzebenenschar mit dem Gitterabstand d treten Maxima auf, deren Lage mit der BRAGGschen Gleichung beschrieben werden kann:

$$n \cdot \lambda = 2 d \cdot \sin \vartheta \quad \text{mit} \tag{14}$$

n = Ordnung der Beugungsmaxima;
d = Abstand der betreffenden Gitter-/Netzebenen;
θ = Winkel zwischen einfallendem Röntgenstrahl und Netzebene (Reflexions- oder Glanzwinkel).

Das an der Probe erzeugte Interferenzfeld wird mit dem Detektor abgetastet. So wird die Intensität in Abhängigkeit vom Glanzwinkel θ registriert. Das erhaltene Beugungsdiagramm zeigt die Intensitäten I als Funktion der Beugungswinkel θ, welches für jede Substanz spezifisch und charakteristisch ist. Der qualitative Nachweis einer Phase erfolgt durch den Vergleich der gemessen d-Werte mit den bekannten d-Werten, außerdem müssen die relativen Intensitäten übereinstimmen. Die Identifizierung erfolgt mit Hilfe einer rechnergekoppelten Software, welche die JCPDS-Kartei[22] enthält und automatisch bei der Auswertung der Messergebnisse herangezogen wird.

Die Phasengleichgewichtsberechnungen erfolgten mit dem Programmcode ChemSage bzw. Factsage und einem speziell für das Lotsystem entwickelten Datenfile unter Nutzung der aktuellen thermochemischen Daten [FAB, 01]. Die Simulation dient der Entwicklung neuer Lotzusammensetzungen und der Ermittlung von Eutektika, die für die Hochtemperaturbeständigkeit der Lote bedeutsam sind.

3.3. Gerätetechnische Ausstattung zum Laserstrahlfügen

3.3.1. Lasertechnik und optische Komponenten

Laser

Für die experimentellen Arbeiten wurde neben einem Lasersystem der Firma ROFIN Sinar GmbH, München, ein Laser der Firma LASERLINE

---

[22] JCPDS = Joint Commitee on Powder Diffraction Standards: Die JCPDS-Kartei beinhaltet umfangreiche Daten über kristalline organische und anorganische Substanzen mit den wichtigsten kristallographischen, physikalischen und chemischen Eigenschaften, wobei den d-Werten und den relativen Intensitäten die größte Bedeutung zukommt.

GmbH, Mülheim-Kärlich verwendet. Die maximale Leistung beträgt bei dem ROFIN-System 3,1 kW und bei dem LASERLINE-System 10,2 kW in einem kontinuierlichen Strahl[23]. Weitere technische Daten der beiden eingesetzten Lasersysteme können der Tabelle 21 entnommen werden. Die Wellenlängen der Diodenlaser sind jeweils getrennt regelbar, so dass Laser-Material-Wechselwirkungen separat für alle Wellenlängen am Material untersucht werden können.

Tabelle 21 Technische Daten der verwendeten Diodenlaser

Technische Daten	ROFIN-Diodenlaser	LASERLINE-Diodenlaser
Typ	DL 031 Q	LDF 1500-10000, VG4L
Wellenlängen	(808, 940) nm	(915, 940, 980, 1030) nm
Maximale Strahlleistung	3,1 kW	10,2 kW
Strahlqualität	Intensitätsverteilung nach Faser über kreisförmige Fläche nahezu konstant	Intensitätsverteilung über den Strahlquerschnitt im Fokus nahezu konstant

In Anlehnung an die Arbeitsaufgabe wurden Optiken für den ROFIN Laser gewählt, deren Abbildung eine verhältnismäßig große Fläche beschreiben. Das sind für die statischen, transmissiven Optiken am Laser Brennweiten von 66 mm (Abbildung ca. 0,8 x 1,3 mm²), 165 mm (Abbildung ca. 2 x 2,3 mm²) und 500 mm (Abbildung ca. 6,1 x 10 mm²) und nach der Faser von 160 mm (Abbildung d = 4,1 mm), 300 mm (Abbildung d = 7,6 mm) und 400 mm (Abbildung d = 10 mm). Für das LASERLINE Lasersystem werden Optiken genutzt, die im Fokus über einen Durchmesser von 7,5 mm, 11,0 mm, 15,0 mm und 19,0 mm verfügen.

Scan-Optik

Der Laserstrahl kann nach der Fokussieroptik über zwei Scannerspiegel geführt werden. Damit besteht die Möglichkeit verschiedene Abbildungen auf dem Probekörper zu erzeugen. Eine Spiegeloptik fokussiert den

---

[23] Ein kontinuierlicher Laserstrahl wird in der Lasertechnik als continuous wave (kurz: cw) bezeichnet.

Rohstrahl mit einer Brennweite von 300 mm. Nach Erstellung der Scankonturen in einem Grafikprogramm erfolgt über eine Software eine direkte Übersetzung der Konturen in Vektoren, einschließlich Scanparametern. Die Temperarturverteilung über die Fläche der Scanfiguren beeinflusst die Nahtqualität erheblich, das heißt Geometrie- und Geschwindigkeitsparameter müssen daher exakt auf den keramischen Werkstoff und die Nahtgeometrie angepasst werden. Der verwendete Hochleistungsscanner ist in der folgenden Abbildung 16 gezeigt.

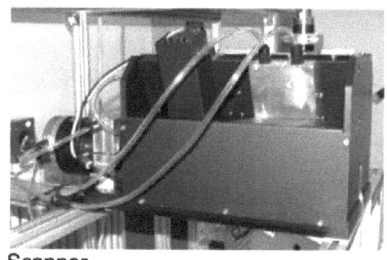 

Scanner　　　　　　　　　　　　Scannerspiegel

Abbildung 16 Hochleistungsscanner der Fa. Scanlab

3.3.2. Halte- und Rotationsvorrichtung zum Fügen

Die Proben werden beidseitig in Halterungen eingespannt, wobei an einer Seite der Halterung eine Feder angebracht ist, die zum Andrücken der zufügenden Proben dient. Dieses Detail ist sehr wichtig, da es beim Aufschmelzen des Lotes zu einer Volumenverringerung kommt. Ohne die Feder wäre es nicht möglich die Bauteile fest miteinander zu verbinden. Die zu fügenden Stirnseiten befinden sich in der Mitte (s. Abbildung 17 und 21) der Haltevorrichtung. Der Laserstrahl fällt senkrecht von oben auf die Probe, um diese zu erwärmen (s. Abbildung 18). Da SiC eine hohe Wärmeleitfähigkeit hat, und damit viel Wärme während des Fügeprozesses in die Halterung ableiten wird, muss dies bei der Laserleistungswahl berücksichtigt werden. Wie in der Abbildung 17 zu erkennen ist, werden die plattenförmigen SiC-Proben in die Halterung eingelegt. Das Bauteil kann während des Fügeprozesses nicht rotieren, so dass durch eine Scanfigur der optimale Leistungseintrag gefunden werden muss.

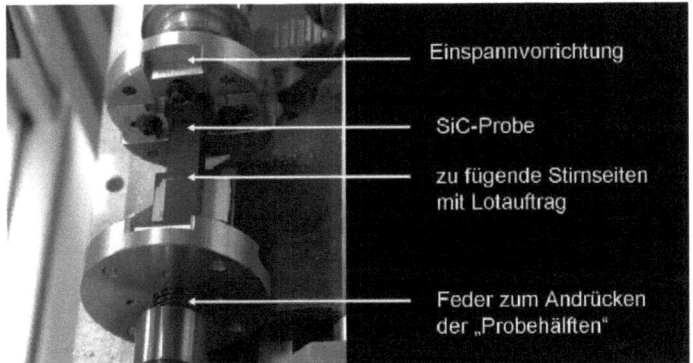

Abbildung 17 Haltevorrichtung für kleinformatige rechteckige Probekörper

Unter den Fügeproben (mittig, laserabgewandte Seite) befinden sich weitere SiC-Bauteile, die durch die vorbeigehende Laserstrahlung erwärmt werden. Mit der hohen Wärmespeicherkapazität (c_p) kann diese Wärme genutzt werden, um die Proben auch zu einem geringen Teil von unten zu erwärmen. Begünstigt wird dieser Prozess durch die weiße Aluminiumoxidkeramik (Al_2O_3) die die ankommende Laserstrahlung auf die untere Probenseite reflektiert. So kann auch massive Keramik, die nicht rotiert, optimal aufgeheizt werden. Die folgende Abbildung 18 zeigt die Dreh- und Haltevorrichtung für rotationssymmetrische Proben. Der Laserstrahl trifft senkrecht auf die Fügezone. Bei den rotationssymmetrischen Proben ist es möglich, den hohen Wärmetransport (vor allem durch Wärmeleitung) in die Halterung durch die gute Wärmeleitfähigkeit des Materials, zu unterbinden. Dazu werden Al_2O_3-Plättchen in dafür vorgesehene Ritzen eingesteckt, die die Wärmeableitung vom SiC-Material in die Halterung durch die schlechte Wärmeleitfähigkeit der Oxidkeramik (λ = 36 W/mK) sehr stark verringern.

Abbildung 18 Haltevorrichtung für kleinformatige rotationssymmetrische Proben

Für die großformatigen Bauteile musste eine neue Halte- und Rotationsvorrichtung konstruiert werden. Das Grundgerüst ist aus Boschprofilen aufgebaut, um eine hohe Flexibilität in der Rohrlänge gewährleisten zu können. Die Abbildung 19 zeigt den Aufbau der Haltevorrichtung schematisch. Die beiden Achsen werden synchron betrieben (CNC-Steuerung).

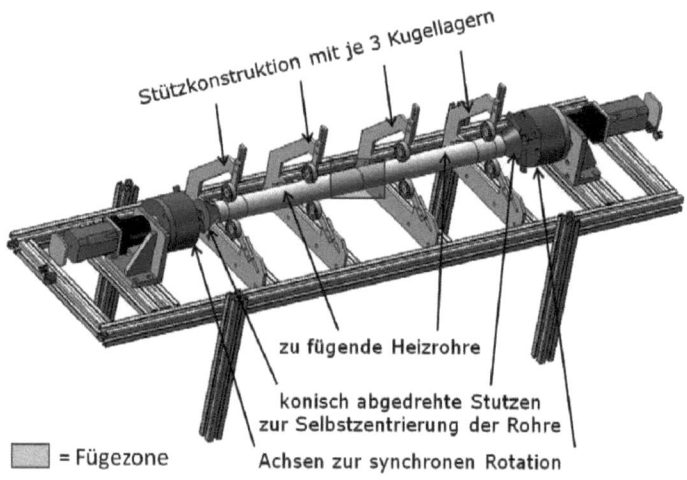

Abbildung 19 3D-Ansicht der neuen Rotationsvorrichtung [solid works]

Die konisch abgedrehten Stutzen unterstützen die Selbstzentrierung der Rohre während des Laserfügens. Da die Rohrenden zum Fügen exakt aufeinander treffen müssen, wurden vier Stützkonstruktionen (mit drei Kugellagern pro Position) über die Länge angebracht. Je nach Rohrlänge können die Achsen und Stützkonstruktionen genau auf die zu fügenden Rohre eingestellt werden. Die Kugellager sind mit Langlöchern befestigt und können so verschiedene Rohrdurchmesser stützen. Mit dieser flexiblen Rotationsvorrichtung lassen sich Rohre bis zu einem Durchmesser von ca. 100 mm und einer Länge von ca. 1000 cm fügen.

3.3.3. Kontrolle des Fügeprozesses

Thermokamera

Eine hohe Qualität der Fügenähte kann nur gesichert werden, wenn die Prozesssteuerung optimal gewährleistet ist. Zum einen muss gesichert sein, dass das Lot in der Fügezone vollständig aufgeschmolzen wird und das Lot oder die zu fügenden Proben dabei nicht überhitzt werden und ungewollte chemische Reaktionen, bis hin zum Abdampfen von Glaslotbestandteilen, Festigkeitsverlust und Qualitätsminderung auftreten. Wählt man zum anderem die Temperatur zu niedrig, so kann eine Anbindung des Lotes an das Basismaterial nicht gewährleistet werden. Die Fügenähte erstrecken sich im Allgemeinen in die Tiefe der keramischen Bauteile. Für die Kontrolle der erreichten Temperaturen während des Fügeprozesses kommen nur optische Temperaturmessmethoden in Frage, die in jedem Falle nur die Oberflächentemperaturen am Bauteil erfassen können.

Das für diese Arbeit zu nutzende Temperaturmessgerät muss den folgenden Anforderungen genügen:

- der Messbereich muss die für die Untersuchungen wichtigen Temperaturbereiche (Aufwärmphase der Proben und die Schmelzphase des Lotes) umfassen,
- die Messung sollte berührungslos erfolgen, um Einflüsse einer Temperaturableitung zu vermeiden und
- der Messfleck sollte zur möglichen Erfassung der Temperatur in der Schmelze ≤ 1 mm sein

Der Laserfügeprozess wird durch ein thermographisches Verfahren gesteuert. Dieses berührungslose Messverfahren dient der Erfassung und Darstellung der instationären Temperaturfelder auf Festkörperoberflächen. Das Verfahren der IR-Strahlungstemperaturmessung beruht auf dem in Kapitel 2.6.2. beschriebenen physikalischen Phänomen, dass Körper mit einer Temperatur oberhalb des absoluten Null-Punktes von 0 K (-273,15 °C) elektromagnetische Strahlungen aussenden, die als Grundlage zur berührungslosen Ermittlung ihrer Temperatur genutzt wird. Für die Temperaturmessungen wurde eine Thermokamera der Fa. InfraTec, Dresden (Typ: VarioCAM®hr head 700 Serie) und die dazugehörige Analyse-Software IRBIS®3 professional verwendet.

Die wichtigsten technischen Daten der Thermokamera sind in der folgenden Tabelle gezeigt.

Tabelle 22 Technische Daten der verwendeten Thermokamera

Technische Daten	Einheit	
Spektrale Empfindlichkeit	[µm]	7,5 – 14
Temperaturmessbereich	[°C]	- 40 bis 2000
Thermische Auflösung	[K]	< 0,03 (bei 30 °C)
Geometrische Auflösung	[IR-Pixel]	1280 x 960

Eine Voraussetzung zur exakten Temperaturmessung der Probe ist die Einstellung des Emissionswertes des Materials am Gerät. Die Angaben aus der Literatur schwanken in weiten Bereichen. Deshalb wurde der Emissionskoeffizient für die Keramik selbst auf folgende Weise experimentell bestimmt.

Emissionswert

Keramiken besitzen Emissionswerte, die sich von denen des schwarzen Strahlers ($\varepsilon = 1$) unterscheiden. Es ist daher für eine genaue Temperaturmessung unerlässlich, die Emission dieser Werkstoffe für den vorgesehenen Temperaturarbeitsbereich im Vorfeld zu bestimmen. Für die Nichtoxidkeramik SiC erstreckt sich der interessierende Temperaturbereich im Allgemeinen von Raumtemperatur bis 1600 °C. Zur Ermittlung der Emissionskoeffizienten bis 1050 °C wurde der schematisch dargestellte Versuchsaufbau (s. Abbildung 20) verwendet.

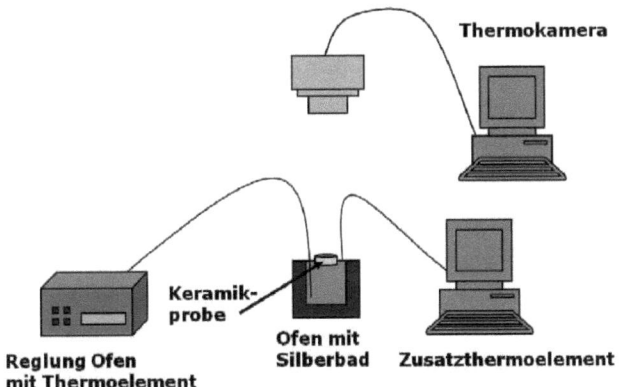

Abbildung 20 Versuchsaufbau zur Bestimmung der Emissivität von SiC bis 1050 °C

Die zu untersuchende Keramik-Probe wird auf die Oberfläche eines Silberbades positioniert, welches mit einer konstanten Aufheizgeschwindigkeit von 10 K/min bis 1050 °C erwärmt wird. Auf die Keramikprobe wird ein Silberplättchen gelegt, das bei definierter Temperatur (T_{Sch} = 960,5 °C) in die flüssige Phase übergeht. Dieser Phasenübergang bewirkt eine Änderung der Oberflächenspannung des Silbers. Das Plättchen zieht sich zu einer Kugel zusammen und dieser Zeitpunkt (bei der definierten Temperatur) kann optisch sehr gut wahrgenommen werden. Durch die Aufnahme der Oberflächentemperatur der Keramik kann der spektrale Emissionskoeffizient für den Thermokameramessbereich (λ = 7,5 bis 14 µm) bestimmt werden. Die SiC-Probe lag in Form einer dünnen Keramikscheibe (h = 1 mm) vor. Die Höhe der Probe erfüllt die Bedingung, dass der Temperaturunterschied zwischen der unteren Auflagefläche der Tablette auf dem Silberbad und der oberen Messfläche so gering wie möglich ausfällt. Im Vorfeld durchgeführte Messungen haben gezeigt, dass der für die Temperaturmessung verwendete Wellenlängenbereich eine Beeinflussung der Messergebnisse durch transmittierte Strahlung aus dem Silberbad vernachlässigt werden kann. Mit diesem Verfahren wurde ein spektraler Emissionswert der SiC-Keramik von ε = 0,86 ermittelt.

Durch die gute Kontrollierbarkeit des Laserfügeprozesses lassen sich reproduzierbare Fügeverbindungen herstellen.

Spektrometer

Eine weitere Möglichkeit der Steuerung des Laserprozesses kann die spektrale Antwortstrahlung der Keramik bieten. Dabei werden vor allen die Wechselwirkungen zwischen Laserstrahlung und der Keramik erfasst. Unter Einfluss von Strahlung wird das Kristallgitter der Keramik angeregt. Ein Maß für die dabei umgesetzte kinetische Energie der Photonen ist die Temperatur. Der Zusammenhang zwischen Energieeintrag durch Laserstrahlung und Temperaturerhöhung des Materials ist stark materialabhängig und nicht linear. Unabhängig von der absorbierten Strahlung des Lasers mit bestimmter Wellenlänge emittiert das Material ein Spektrum elektromagnetischer Wellen im ultravioletten (UV-), sichtbaren (VIS-) und nahen Infrarot (NIR-) Bereich. Mit Kenntnis dieses Antwortspektrums kann die Nichtlinearität der Absorption geklärt werden.

Um eine schädigungsfreie Prozessführung zu erreichen, soll das materialspezifische optische Antwortspektrum der Keramiken auf die Lasereinwirkung ermittelt werden. Diese Messwerte dienen dann der optimalen Prozesssteuerung, so dass maximale Festigkeitswerte für die Fügezone ohne Schädigung des Basismaterials oder der Lotschicht erreicht werden. Das vorgesehen Spektrometer erfasst dazu den relevanten Spektralbereich, der in Vorversuchen ermittelt worden ist. Für die Versuche sind zwei Spektrometer der Fa. OPTOcon®AG, Dresden verwendet worden. Neben dem hochauflösendem UV-VIS-NIR-Spektrometer für den Spektralbereich von 200 bis 1100 nm, kam ein NIR-Spektrometer (900 bis 2500 nm) zum Einsatz. Mit Hilfe der Spectra Suite Software ist es möglich die Spektren aufzuzeichnen und auszuwerten.

Simulation mit dem Computer-Code COMSOL multiphysics

Da der Fügeprozess jedoch im Wesentlichen im Bauteilvolumen stattfindet, muss über eine mathematische Temperaturfeldsimulation der Zusammenhang zwischen Oberflächen- und Volumentemperatur hergestellt werden. Dies kann nur durch eine mathematische Modellierung des Gesamtprozesses erfolgen. Dazu wird der Finite-Elemente-Code

COMSOL Multiphysics eingesetzt. Das Ziel der Simulation ist die Modellierung eines Fügeprozesses von nicht transparenter SiC-Keramik.

Die Software führt numerische Simulationen durch und basiert auf partiellen Differentialgleichungen, die mit leistungsstarken Lösern auf der Basis der Finite-Elemente-Methode gelöst werden. Für die mathematische Modellierung des Fügeprozesses ist die Kenntnis der folgenden Werkstoffeigenschaften erforderlich:

- Wärmeleitfähigkeit k(T),
- Dichte ρ(T) und
- spezifische Wärmekapazität $C_p(T)$.

Innerhalb des COMSOL-*multphysics*-Paketes standen für die Rechnungen die beiden Module *heat transfer* und *conductive media dc* zur Verfügung, die auch gekoppelt werden können. Damit ist es möglich die Erwärmung des Materials infolge eines Stromflusses nachzubilden. Im Rahmen dieser Dissertation sind mehrere Teilmodelle zur Beschreibung des Laserfügeverfahrens entwickelt worden, die in der Tabelle 23 zusammengefasst sind.

Tabelle 23 Übersicht über die Modelle zur Beschreibung des Laserstrahlfügens

Modell	Bemerkungen
Beschreibung des lasergestützten Fügeverfahrens	
Laserstrahl	Laserstrahl als Wärmequelle
	Laserstrahl als Wärmestromdichte
Erwärmung	Erwärmung durch Laserstrahlabsorption im Material
	Stromfluss und Joule'sche Erwärmung
Rotation	Bewegungsgleichungen für Laserstrahl

Die Schrittfolgen der Modellierung und die Simulation wurden nach folgenden Schritten durchgeführt:

1. Auswahl des gewünschten physikalischen Moduls, sowie der Dimension (1D, 2D, 3D) im *Model Navigator*. Bei multiphysikalischen Problemen können verschiedene Module gewählt werden, die in Abhängigkeit von der Problematik auch gekoppelt werden können.

2. Modellierung der zu untersuchenden Geometrien mit dem *Zeichenmodus*. Es besteht auch die Möglichkeit komplexe Geometrien aus CAD Programmen zu importieren. COMSOL unterteilt die Körper selbstständig in Gebiete, Flächen, Kanten und Punkte. Es ist auch möglich zusätzliche Unterteilungen einzuführen, z. B. für die feinere Diskretisierung von bestimmten Gebieten.
3. Festlegung der Eigenschaften im Menü *Eigenschaften* in den Gebieten und der Randbedingungen auf den Rändern. Zur Vereinfachung der Implementierung stehen diverse Eingabefenster im Menü *Optionen* zur Verfügung. Dort können z. B. Konstanten, skalare Ausdrücke, globale Ausdrücke hinzugefügt werden.
4. Vernetzen der Geometrie Menü *Netz* mit einer Diskretisierung, die auf das zu lösende Problem angepasst ist. Das kann sowohl manuell als auch mit stochastischen Netzen durchgeführt werden.
5. Einstellen des Lösers und der Zeitabhängigkeit im Menü *Lösen*. Bei transienten Problemen müssen Zeiten festlegt werden.
6. Berechnung des Problems für kurze Zeitintervalle zur Kontrolle der Erfassung des Problems. Danach folgt das vollständige Lösen des Modells.
7. Auswertung der Lösung im Menü *Postprocessing*.

Das *heat transfer modul* von COMSOL bietet zwei Möglichkeiten zur Modellierung des Laserstrahles. Die erste Möglichkeit folgt aus der Neumann Randbedingung[24] (15):

$$-n \cdot \hat{q} = \hat{q}_0 \qquad (15)$$

mit n = Normalenvektor der senkrecht auf dem Rand steht; $\hat{q}$ = Wärmestromvektor in [W/m²] und $\hat{q}_0$ = eingehender Wärmefluss normal zum Rand in [W/m²],

so dass der Laserstrahl als eingehender Wärmestrom betrachtet wird. Die zweite Möglichkeit bietet der folgende Quellterm aus Gleichung (16),

---

[24] Eine Neumann-Randbedingung bezeichnet im Zusammenhang mit Differentialgleichungen Werte, die auf dem Rand des Definitionsbereiches für die Normalableitung der Lösung vorgegeben werden.

indem der Laserstrahl als Wärmequelle modelliert wird. Diese Fourier'sche Differenzialgleichung basiert auf dem Modell des Wärmetransportes durch Wärmeleitung für einen festen und homogenen Körper.

$$\rho(T) \cdot Cp(T) \cdot \frac{\delta T}{\delta t} = div(\hat{q}) + \tilde{q} \qquad (16)$$

$\rho(T)$ = Dichte in [kg/m³] in Abhängigkeit von der Temperatur;
Cp = spezifische Wärmekapazität in [J/(kg K)] in Abhängigkeit von der Temperatur;
$\tilde{q}$ = Wärmequelle oder Wärmesenke in [W/m³] und t = Zeit in [s]

Wie im Kapitel 2.6.1. geschrieben, unterscheiden sich die Laserleistungsverteilungen je nach Fokuslage der Arbeitsebene. Die Laserleistung wird in Form der Normal-[25] bzw. Gleichverteilung[26] mathematisch beschrieben. Die Einführung von Bewegungsgleichungen für den Mittelpunkt der Normalverteilung bewirkt eine Bewegung des Laserstrahls. Die Bewegung kann sowohl auf einer ebenen Fläche als auch auf einer gekrümmten Fläche stattfinden. Wird der Laserstrahl als Wärmequelle modelliert, muss zusätzlich das Absorptionsverhalten im Material berücksichtigt werden. Für die nichttransparente SiC-Keramik ist nur eine sehr kleine Oberflächenschicht (≈ 1 µm) an den Strahlungsvorgängen beteiligt. Für die Modellierung des Laserfügeprozesses sind einige Materialkennwerte und Prozessparameter als Eingangsparameter notwendig. Die benötigten Kennwerte sind in der Tabelle 24 dargestellt.

Tabelle 24 Relevante Material- und Prozessparameter für die COMSOL-Modellierung

	Einflussgröße	Variable	Einheit
	Probengeometrie	(x, y, z)[27]	[m]
Materialkennwerte	spez. Wärmekapazität	C_p	[J/(kg K)]
	Wärmeleitfähigkeit	k[28]	[W/(m K)]
	Reflexion	R	[%]

---

[25] Die Laserleistung ist normalverteilt, wenn der Arbeitspunkt unterhalb des Fokus liegt.
[26] Die Laserleistung ist annähernd gleichverteilt wenn sich der Arbeitspunkt im Fokus befindet.
[27] Die Probengeometrie wird in COMSOL über (x, y, z) definiert, dabei beschreiben die Variablen die Abmessungen der Proben wie folgt: x = Länge; y = Breite; z = Höhe.
[28] In COMSOL wird als Variable für die Wärmeleitfähigkeit ‚k' verwendet. Im Rest der Arbeit ist die Wärmeleitfähigkeit mit ‚λ' abgekürzt.

	Einflussgröße	Variable	Einheit
Materialkennwerte	Absorption	α	[1/mm]
	Emission	ε	[-]
	Dichte	ρ	[kg/m³]
	spez. Widerstand	σ	[Ω m]
Prozessparameter	Laserleistung	P_L	[W]
	Rotationsgeschwindigkeit	ω	[1/s]
	Prozessdauer	t	[s]

Für die mathematische Modellierung des Fügeprozesses müssen die Materialkennwerte temperaturabhängig bekannt sein, da sich die Eigenschaften mit steigender Temperatur signifikant ändern und damit den Prozess beeinflussen. Die relevanten temperaturabhängigen Eigenschaften der verwendeten Werkstoffe sind in Kapitel 3.4. gezeigt. Die folgenden Gleichungen beschreiben näherungsweise die bestimmten temperaturabhängigen Wärmeleitfähigkeitswerte der LPSSiC-, SSiC- und Komposit-Keramik.

Tabelle 25 Temperaturabhängige Wärmeleitfähigkeitsfunktionen für COMSOl

Material	Wärmeleitfähigkeit k(T) = [W/(mK)]	Korrelation R^2
LPSSiC	$248{,}05 \exp(-0{,}0008 \cdot T)$	0,999
SSiC	$10^{-8} \cdot T^3 + 5 \cdot 10^{-5} \cdot T^2 - 0{,}0821\, T + 74{,}719$	0,9983
Komposit	$-10^{-8} \cdot T^3 + 6 \cdot 10^{-5} \cdot T^2 - 0{,}0978\, T + 75{,}383$	0,9758

Die Dichte wird bei den Simulationsrechnungen konstant angenommen, da im betrachteten Fall keine Aggregatszustandsänderungen berücksichtigt werden.

Tabelle 26 Dichtewerte der verwendeten Materialien für COMSOL

Material	Dichte ρ = [kg/m³]	Korrelation R^2
LPSSiC	3160	-
SSiC	3100	-
Komposit	4160	-

Die spezifische Wärmekapazität wird in Abhängigkeit von der Temperatur in folgenden Gleichungen näherungsweise für COMSOL beschrieben (s. Tabelle 27).

Tabelle 27 Temperaturabhängige spez. Wärmekapazität für COMSOL

Material	Spez. Wärmekapazität Cp(T) = [kJ/(kg K)]	Korrelation R^2
LPSSiC	$1242 - 1352 \cdot 0,99681^T$	0,99891
SSiC	$-0,0007\ T^2 + 1,6618\ T + 198,17$	0,9971
Komposit	$9 \cdot 10^{-8}\ T^3 - 5 \cdot 10^{-4} \cdot T^2 + 0,859\ T + 398,49$	0,9851

Zur Simulationsrechnung der Joule'schen Erwärmung der SiC-Heizleiter werden die Module *heat transfer* und *conductive media dc* gekoppelt. Die Kopplung stellt dabei ein nichtlineares Problem dar, da sich der Widerstand mit der Temperatur ändert. Beim SiC verringert sich der Widerstand mit steigender Temperatur, der Temperaturkoeffizient ist negativ. Die dabei erzeugte Widerstandwärme Q ist proportional zum Quadrat der elektrischen Stromdichte J_{el} [A/m²]:

$$Q \sim J_{el}^2. \tag{17}$$

Die Simulationssoftware bietet eine Vielzahl an Auswertungsmöglichkeiten der berechneten Modelle. Temperaturfelder und Wärmeflüsse sind die wichtigsten Darstellungsoptionen. Auch eine numerische Auswertung wie zum Beispiel Integrationen über Gebiete, Ränder und Kanten sind durchführbar. Des Weiteren bietet die Einführung von Integrations-Kopplungsvariablen die Möglichkeit Ausdrücke, wie zum Beispiel die mittlere Temperatur eines Gebietes auf einen Punkt zu projizieren, um so einen zeitlichen Verlauf der interessierenden Größe zu erhalten. Um eine Aussage über die Konsistenz der Laserstrahlfügemodelle zu erlangen, werden die Simulationen mit experimentellen Daten verifiziert. Die entwickelten Modelle stehen als Basis für laufende oder zukünftige Projekte zur Verfügung und sollen als Grundlage für weitere Untersuchungen und Verbesserungen dienen. Durch Vorausberechnungen kann eine erhebliche Anzahl an teuren Probekörpern eingespart werden.

3.4. Charakterisierungsmethoden der Fügeverbindungen

Bei der Untersuchung der verwendeten Keramiken und Gläser entscheiden deren „äußere" (Makro-) Eigenschaften wesentlich über deren Verwendbarkeit. Will man „äußere" Eigenschaften erklären oder verändern, so ist es wichtig die „inneren" (Mikro-) Eigenschaften, wie:

- den Elementaufbau (chemische Zusammensetzung),
- den Strukturaufbau (Phasen),
- den Phasenaufbau (Qualität und Quantität der Phasen) und
- den Gefügeaufbau (Ausbildung und gegenseitige Verknüpfung der Phasen untereinander)

zu erhalten. Gerade Silikate zeigen einige Besonderheiten der Mikroeigenschaften, die sich auf die Makroeigenschaften auswirken können.

3.4.1. Mikroskopische Untersuchungen

Digitale Mikroskopie

Mit einem Laser-Scanning-Microscope der Fa. Keyence (Typ: VK-9710) konnte die Qualität der Fügenähte untersucht werden. Dieses Gerät kann Proben 18.000-fach vergrößern, sowie 3D-Messungen mit einer Auflösung von 0,001 µm durchführen. Die hohe Auflösung und die große Tiefenschärfe sind die wesentlichsten Vorteile dieser berührungslosen 3D-Messung. Bei diesem Mikroskop kommen zwei Lichtquellen zum Einsatz. Ein kurzwelliger, violetter Laserstrahl mit einer Wellenlänge von 408 nm tastet die Probe ab und weißes Licht in Form einer 100 W Halogenlampe dient zur Beleuchtung. Ein Lichtempfangselement, wie in der Abbildung 21 dargestellt, erkennt das von jedem Pixel reflektierte Licht. Die Höheninformation zur 3D-Darstellung wird über die Verschiebung des Objektivs in der z-Achse erreicht. Durch wiederholtes scannen in der x- und y-Achse wird so für jede z-Position die Intensität des reflektierten Lichts erfasst.

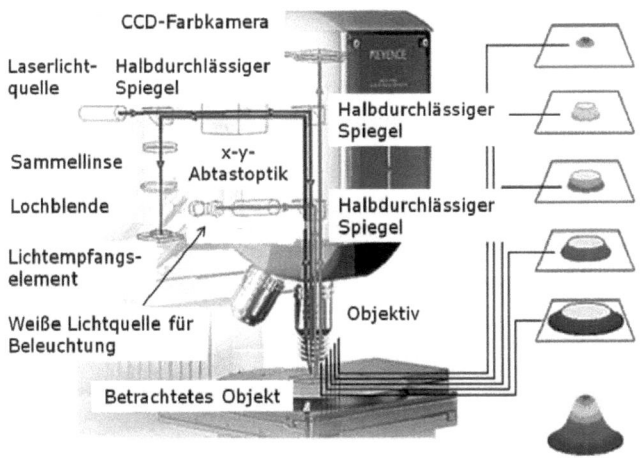

Abbildung 21 Aufbau 3D-Lasermikroskop der Fa. Keyence VK-9000 [KEY, 11]

Das Gerät bietet die Möglichkeit Profil- und Rauhigkeitsmessungen durchzuführen. So können Höhe, Breite, Form, Winkel und Radius von Querschnittsprofilen der Fügezonen bestimmt werden.

Elektronenmikroskopie

Gegenstand der Elektronenoptik ist die Bewegung von Teilchen (Elektronen, Ionen) in elektrischen und magnetischen Feldern im Vakuum. Dabei verhalten sich diese Teilchen unter bestimmten Bedingungen wie Wellenstrahlung. Je nach Beschleunigungsstrahlung liegt die erreichte Wellenlänge unter 0,01 nm. Zur Auswertung der Fügeverbindungen wurde in dieser Arbeit ein Rasterelektronenmikroskop (REM) im Fraunhofer IKTS, Dresden, verwendet. Die Bestrahlung des Präparates erfolgt mit einem Elektronenstrahl, der durch mehrere Linsen stark gebündelt wird. Der Strahl wird punkt- und zeilenweise über die Probe gelenkt. Die Wechselwirkungen der auftreffenden Elektronen mit dem Präparat werden mit Detektoren aufgenommen und nach Umwandlung in einem Hell-dunkel-Kontrast-Bild angezeigt.

In der Probe finden Streuprozesse statt, wobei Sekundärelektronen und charakteristische Röntgenstrahlung frei werden. Bei Oberflächenabbildungen mittels Sekundärelektronen erhält man ein kontrastreiches Bild topographisches Bild bei großem Winkel zwischen dem einfallenden

Strahl und der Oberflächennormalen. Die Röntgenstrahlung kann nach Wellenlänge und Intensität analysiert werden und entspricht dann einer qualitativen oder quantitativen Röntgenspektralanalyse (EDX[29]). Dieses integrierte System zur Röntgenmikroanalyse ermöglicht so lokal Aussagen über die chemische Zusammensetzung. Bei der Untersuchung der Fügenähte ist dies sehr hilfreich, da die Lotkomponenten und mögliche Reaktionsprodukte zwischen Glaslot, leitfähiger Komponente und Grundmaterial festgestellt werden können.

3.4.2. Mechanische Festigkeit

Die Festigkeitsprüfung erfolgte in Anlehnung an die DIN EN 843-1 am Fraunhofer IKTS, Dresden. Als Beanspruchungsanordnung wurde der Vier-Punkt-Biegetest gewählt. Die Vier-Punkt-Biegebeanspruchung wird mit einem balkenförmigen Probekörper durchgeführt, so dass zwei im Abstand von den Auflagerungen angreifende Kräfte gleichmäßig auf die Biegeprobe einwirken, wie die Abbildung 22 zeigt. Bei dieser Beanspruchung treten zwischen den Kraftangriffsstellen keine Querkräfte auf, so dass das Biegemoment konstant bleibt.

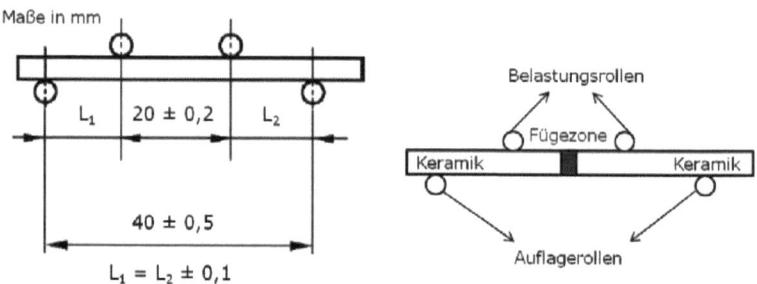

Abbildung 22 Versuchsanordnung der 4-Punkt-Biegebruchprüfung

Die notwendige Kraft, die zum Bruch der Fügeverbindung führt, kann mit Hilfe der folgenden Formel in die Bruchspannung umgerechnet werden:

$$\sigma_{4B} = \frac{3 \cdot F \cdot d}{b \cdot h^2} \quad \text{mit} \tag{18}$$

---

[29] EDX = Energy Dispersive X-ray spectroscopy (Enerdispersive Röntgenspektroskopie)

σ_{4B} = Bruchspannung [N mm^{-2} = MPa]; F = Höchstkraft beim Bruch [N]; d = Mittelwert der Abstände zwischen den Achsen der Auflage- und Belastungsrollen [mm]; b = Breite des Probekörpers als Mittelwert aus drei Messungen [mm]; h = Höhe des Probekörpers als Mittelwert aus drei Messungen [mm]

Die Vierpunkt-Prüfung hat den Vorteil, dass die Kennwerte nicht durch Inhomogenität der Probe an der Stelle des maximalen Biegemoments beeinflusst werden. Keramische Werkstoffe streuen sehr stark in ihren Festigkeitswerten, da sich ein keramisches Bauteil nicht plastisch verformen kann und ein einzelner kritischer Defekt einen Bruch zur Folge hat. Die Streuung der Festigkeitswerte ist die Folge der Streuung von Rissen in dem keramischen Material. Nicht jede Probe enthält einen Riss der gleichen maximalen Risslänge. Diese sind über die Probengesamtheit statistisch verteilt, ebenso die Lage und Orientierung der Risse. Mit Hilfe statistischer Verfahren lassen sich jedoch aus den Messwerten Wahrscheinlichkeiten für das Eintreten des Bruchereignisses ableiten. Für die statistische Auswertung ist eine Mindestprobenanzahl von 30 ratsam. Die Streuung der Bruchspannung kann z. B. durch eine Verteilungsfunktion (19) nach WEIBULL beschrieben werden.

$$h_i(\sigma_{4B,i}) = 1 - \exp\left[-\left(\frac{\sigma_{4B,i}}{\sigma_0}\right)^m\right] \qquad (19)$$

Diese Verteilung entspricht den über $\sigma_{4B,i}$ kumulativen Häufigkeiten der einzelnen Bruchspannungen und ist durch zwei Parameter gekennzeichnet, den Weibull-Modul m und σ_0 (s. Abbildung 23). Während der Weibull-Modul das Maß für die Streuung der gemessen Festigkeiten ist, so bezeichnet σ_0 die mittlere Festigkeit. Der Wert σ_0 ist der $\sigma_{4B,i}$-Wert bei dem 63,2 % der untersuchten Proben versagen und bezeichnet näherungsweise den Wendepunkt der S-förmigen Verteilungsfunktion.

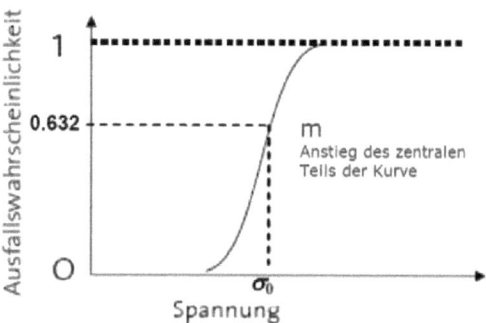

Abbildung 23 Weibull-Verteilungsfunktion der Bruchspannungen

Zur Ermittlung der Weibull-Parameter ist es notwendig den einzelnen Messwerten eine Bruchwahrscheinlichkeit nach z. B. folgender Formel zuzuordnen

$$h_i = \frac{i - 0{,}5}{n} \quad \text{mit} \tag{20}$$

h_i = Bruchwahrscheinlichkeit;
i = Messwerte;
n = Anzahl der Proben.

Um die Weibull-Verteilung einfacher nutzen zu können, wird diese in einen logarithmischen Achsenmaßstab als Gerade dargestellt. Im Diagramm erscheint auf der Abszisse der natürliche Logarithmus der gemessenen Biegefestigkeit x_i und auf der Ordinate die Größe y_i:

$$x_i = \ln \sigma_{4B,i} \quad und \quad y_i = \ln \ln \frac{1}{1 - h_i}. \tag{21) und (22}$$

Trägt man y gegen x auf, so erhält man eine Gerade mit dem Steigungsmaß m, nach der Struktur der Geradengleichung y = m * x + b. Die Steigung m ist gleich dem Weibull-Modul. Je größer m ist, desto geringer ist die Streuung. Zur Beurteilung eines keramischen Werkstoffes in Hinblick auf sein Festigkeitsverhalten ist dieser Wert somit die wichtigste Größe bei der Auslegung des Bauteils. Die mittlere Festigkeit σ_0 ist in diesem Diagramm der Schnittpunkt von Ordinate und Abszisse.

Der Wert des Weibull-Moduls liegt für Keramiken im Bereich von m = 10-20. Allerdings gelten diese Werte für Proben ohne Fügenaht. Es ist zu erwarten, dass die hier untersuchten Proben aufgrund der Fügenaht deutlich niedrigere Werte aufweisen.

3.4.3. Ermittlung des spezifischen Widerstandes

Der spezifische elektrische Widerstand der ungefügten und gefügten Proben wurde mittels 4-Punkt-Messung[30] nach der folgenden Messanordnung in Abbildung 24 ermittelt. Zum Messen kam ein Multimeter der Fa. Keithley Instruments (Typ: 2700/E DMM) zum Einsatz. Die weißen Markierungen auf der Probenoberfläche und die Querschnittsflächen A stellen den Silberleitlack dar, welcher zur Kontaktierung der Probekörper dient. Da das Messverfahren auf dem Prinzip der Vierleitermessung beruht, ist es im Grunde unabhängig vom Übergangswiderstand zwischen den Messspitzen und der Probenoberfläche. Für die Messung wird auf die Probe durch die zwei seitlichen Kontaktflächen (A) ein konstanter Strom aufgeprägt, und mit den anderen beiden punktförmigen Kontakten wird die Spannung gemessen.

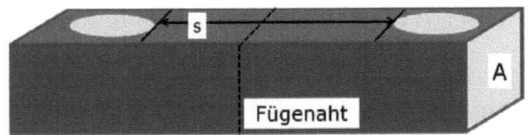

Abbildung 24 Aufbau Bestimmung des spezifisch elektrischen Widerstandes

Unter Verwendung des Ohmschen Gesetzes wird aus dem gemessenen Spannungsabfall der Widerstand zwischen den beiden Spannungskontakten ermittelt. Bei genauer Kenntnis des Abstandes zwischen den Kontaktierungen auf der Probenoberfläche und des Probequerschnittes kann auf den spezifischen Widerstand zurückgerechnet werden (s. Formel (23)). Diese Art der Messung bzw. Ermittlung des spezifischen elektrischen Widerstandes ist ca. 20 % fehlerbehaftet.

$$\sigma = \frac{1}{\rho} = \frac{s}{R \cdot A} \tag{23}$$

---

[30] Die Vierpunktmethode ist die Standardmethode zur Bestimmung der elektrischen Leitfähigkeit in der Halbleiterindustrie.

σ = elektrische Leitfähigkeit;
ρ = spezifischer elektrischer Widerstand;
s = Länge des Leiters;
A = Flächeninhalt der Querschnittsfläche

Zur Beurteilung der Widerstandswerte der gefügten Probestäbchen nach längerer Einwirkung höherer Temperaturen, sind Langzeittests unter oxidierenden Bedingungen (Luft) durchgeführt worden. Dazu sind gefügte Stäbchen aus dem SiC-Material und aus dem Kompositwerkstoff mit den Maßen (5 x 5 x 24) mm in einem Ofen zyklisch einer Temperatur von 1000 °C für 48 Stunden ausgesetzt. Dies wurde mehrfach wiederholt. Zur Charakterisierung der Degradation der Kontaktstelle wurde der elektrische Widerstand herangezogen. Dafür musste nach jedem Oxidationszyklus die Oxidschicht auf den Proben abgeschliffen und in einer 4-Punkt-Konfiguration mit Silberleitlack kontaktiert werden. Der Widerstand wurde, wie oben geschrieben über ein Multimeter (Keithley 2700) bestimmt. Als Referenz wurden auch Stäbchen mit Lot ohne elektrisch leitfähige Komponenten gefügt.

3.4.4. Heiztests der gefügten Verbindungen

Nach Abschluss der Laserarbeiten zum Fügen der Heizleitersegmente wurden die fertigen Heizelemente auf ihre Funktionsfähigkeit getestet. Die Versuche fanden am Fraunhofer IKTS, Dresden statt. Für Tests von größeren keramischen Heizern verfügt dieses Institut über ein spezielles Testgerät. Mit diesem ist es möglich einen elektrischen Heizer leistungsgeregelt zu betreiben und dabei Strom- und Spannungswerte zu erfassen.

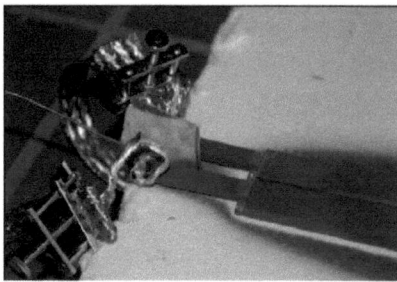

Abbildung 25 Elektroden des Heizleiters (Übergangskeramik) und Anschlüsse

Der gefügte Heizleiter liegt auf einer isolierten Unterlage aus porösem Aluminiumoxidschaum. Die elektrischen Anschlüsse befinden sich an den Enden des Heizers und sind auf dem Keramikkomposit fixiert. Der Versuchsaufbau ist in der Abbildung 26 dargestellt. Die Heiztests dienen dazu, das Temperatur-Widerstandsverhalten der gefügten Werkstücke abschätzen zu können. Da es sich beim verwendeten Material um einen Halbleiterwerkstoff handelt und dessen elektrischer Widerstand mit steigender Temperatur sinkt, ist die Kenntnis des Widerstandsverlaufs in Abhängigkeit von der Temperatur unabdingbar und eine genaue Kontrolle der elektrischen Parameter Strom und Spannung vonnöten. Andernfalls tritt eine Überhitzung des Bauteils ein, welche bis zum Defekt führt. Für einen späteren regulären Betrieb muss erfasst werden, welche elektrische Leistung für das Einstellen der gewünschten Temperatur benötigt wird.

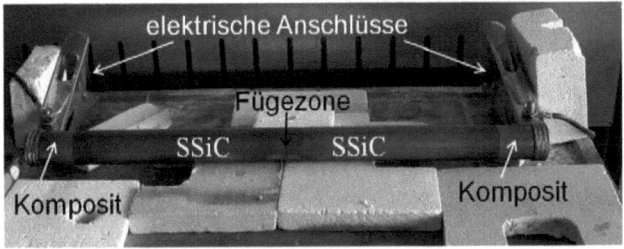

Abbildung 26 Versuchsaufbau der Heizrohr-Tests

Zur Überprüfung der gefügten Rohre auf etwaige Fehler wie Risse und zur Kontrolle der Homogenität der Fügenähte wurden alle Heizleiter von Raumtemperatur bis ca. 300 °C aufgeheizt. Ein Thermoelement wurde im Inneren des Rohres nahe der Fügezone platziert, um eine genaue Temperatur-Zeit-Kurve über die gesamte Versuchszeit aufzuzeichnen. Die Position des Thermoelementes ist in der folgenden Abbildung 27 zu erkennen. Die Versuche sind mittels Thermokameraaufnahmen dokumentiert worden.

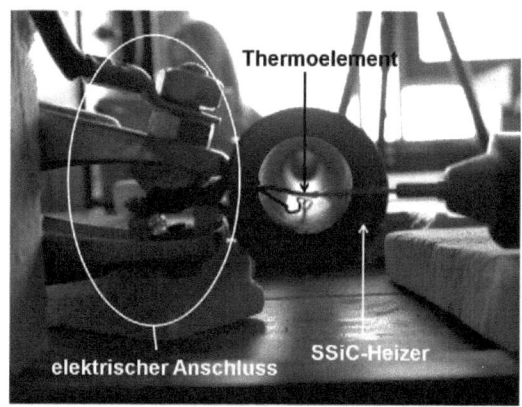

Abbildung 27 Position des Thermoelementes während der Heizversuche

4. Untersuchungsergebnisse der Keramikfügungen

Das folgende Kapitel zeigt die Ergebnisse der beiden Schwerpunkte zur Lösung der Aufgabenstellung. Zum einen soll nachgewiesen werden, dass das entwickelte Glaslot thermo-chemisch an die neu entwickelte leitfähige SiC-Keramik angepasst wurde und zum zweiten soll die zielführende Modifikation der Lasertechnologie gezeigt werden, mit der die technisch-technologischen Vorgaben für die Fügenaht erreicht werden, ohne das Auftreten von Schädigungen des keramischen Grundmaterials.

Es wird keine Probe geben, welche alle optimalen Eigenschaften vereint. Es muss zwischen Nahtqualität, elektrischer Leitfähigkeit und mechanischer Festigkeit stets ein Kompromiss eingegangen werden. Die Abbildung 28 zeigt diesen Zusammenhang in Form eines Optimierungskreises der drei Hauptqualitätsmerkmale einer Fügenaht.

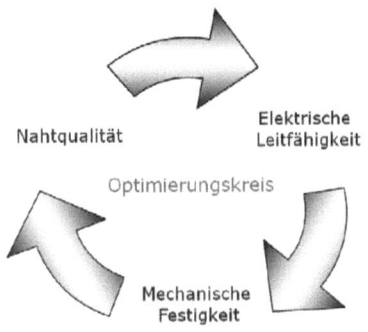

Abbildung 28 Optimierungkreis der Fügeeigenschaften

Die Nahtqualität wird anhand des Benetzungswinkels, von Poren und Rissen in der Glasmatrix, der Verteilung der leitfähigen Additive im Glas und der Nahtdicke beurteilt. Ein kleiner Benetzungswinkel zeugt von einer guten Anbindung des Lotes an den Grundwerkstoff und verbessert die mechanischen Eigenschaften. Eine riss- und porenfreie Fügenaht erhöht die elektrische Leitfähigkeit und die mechanische Festigkeit. Die homogene Verteilung der Additive verhindert eine lokale Erwärmung in der Fügenaht beim Anlegen einer elektrischen Spannung.

4.1. Ergebnisse zu den Glasloten

4.1.1. Eigenschaften der Glaslote

Erhitzungsmikroskopische Untersuchung

Die ausgewählten Lote aus dem Dreistoffsystem wurden mittels Erhitzungsmikroskop untersucht. Anhand von gepressten Lotpulvertabletten wurde der Verlauf des Umrisses der Lotproben durch die Aufnahme von Schattenbildern in Abhängigkeit von der Temperatur erfasst. Die Untersuchungen an den Glasloten haben das unterschiedliche Verhalten der Proben bei steigender Temperatur gezeigt. Während das Glaslot YSiAl_1 einen erwarteten Verlauf (Raumtemperatur → Sinterung → Erweichung → Fließen) zeigt, weisen die anderen Lote Besonderheiten auf. Das Glaslot YSiAl_2 neigt zu starker Ausgasung ab einer Temperatur von 1400 °C.

Tabelle 28 Erhitzungsmikroskopische Untersuchung des Glaslotes YSiAl_1

Temperatur	Probenform YSiAl_1
Raumtemperatur	
Sinterbeginn 950 °C	
Sinterende 1013 °C	
Entnetzungsbeginn 1047 °C	
Kein Kugelpunkt 1390 °C	
Kein Halbkugelpunkt 1407 °C Probe gast aus	
Kein 45° Winkel 1410 °C / 1414 °C	

Tabelle 29 Erhitzungsmikroskopische Untersuchung des Glaslotes YSiAl_2

Temperatur	Probenform YSiAl_2
Raumtemperatur	
Sinterbeginn 946 °C	
Sinterende 1046 °C	
Kein Kugelpunkt 1396 °C Probe gast aus	
Kein Halbkugelpunkt 1406 °C Probe gast aus	
Kein 45° Winkel 1419 °C Probe gast aus	

Tabelle 30 Erhitzungsmikroskopische Untersuchung des Glaslotes YSiAl_4

Temperatur	Probenform YSiAl_4
Raumtemperatur	
Plötzliche Probenvergrößerung 312 °C / 316 °C	
Sinterbeginn 917 °C	
Sinterende 1067 °C	
Kein Kugelpunkt 1397 °C	
Kein Halbkugelpunkt 1400 °C	
45° Winkel 1404 °C	

Tabelle 31 Erhitzungsmikroskopische Untersuchung des Glaslotes YSiAl_15

Temperatur	Probenform YSiAl_15
Raumtemperatur	
Sinterbeginn 936 °C	
Sinterende 1. Stufe 1010 °C	
Sinterende 2. Stufe 1446 °C	
Kein Kugelpunkt 1503 °C	
Kein Halbkugelpunkt 1506 °C	
Kein 45° Winkel 1509 °C	

Bei Betrachtung der Lotprobe 4 ist im Temperaturbereich ab ca. 300 °C ein Aufblähen der Tablette erkennbar. Die Probe 4 verläuft bei ca. 1500 °C auf der oxidischen Oberfläche vollständig. Das Glaslot YSiAl_15 ist bis 1500 °C stabil in der Tablettenform. Erst oberhalb dieser Temperatur beginnt der Erweichungsprozess. Ein geringer Temperaturanstieg um wenige Grad Celsius reicht dann aus, dass das Lot vollständig auf der Unterlage breitfließt.

Zusammenfassend kann gesagt werden, dass aufgrund der Auswertung der Erhitzungsmikroskopbilder das Glaslot YSiAl_1 für weitere Arbeiten wegen des besseren Fließverhaltens verwendet wird. Im Fügeversuch muss dieses Lot ein gutes Benetzungsverhalten auf dem Kompositmaterial und der LPSSiC- und SSiC-Keramik bestätigen.

Thermische Ausdehnung

Die Abbildung 29 zeigt die technischen Ausdehnungen der verwendeten Materialien in Abhängigkeit von der Temperatur. Das reine Glaslot zeigt mit $\alpha = 5{,}9*10^{-6}$ K^{-1} den höchsten Ausdehnungskoeffizienten, welcher bis ca. 900 °C nur gering von der Temperatur abhängt. Ab einer Temperatur von 900 °C steigt der thermische Ausdehnungskoeffizient sprunghaft auf $6{,}3*10^{-6}$ K^{-1} an. Es muss beachtet werden, dass die Ermittlung der Ausdehnung des Glaslotes ohne die elektrisch leitfähigen Additive stattfand. Die elektrisch leitenden MoSi$_2$-Partikel haben einen Ausdehnungskoeffizienten von ca. $\alpha = 8*10^{-6}$ K^{-1}.

Das LPSSiC und das Kompositmaterial zeigen hingegen eine größere Abhängigkeit der thermischen Ausdehnung von der Temperatur. Beide Werkstoffe zeigen den Verlauf, dass mit steigender Temperatur, die thermische Dehnung größer wird. Im Bereich der Fügetemperatur (T = 1450 °C) nähern sich die Werte beider Werkstoffe an den Ausdehnungskoeffizienten des Lotes an. Die Abweichung der Ausdehnung vom Lot beträgt zum Komposit 6,8 % und von dem LPSSiC 21,2 %. Die Werte der thermischen Ausdehnung des SSiC-Materials sind nicht temperaturabhängig ermittelt worden. Als Fixwert wird ein α von $4{,}0 \cdot 10^{-6}$ K^{-1} angenommen.

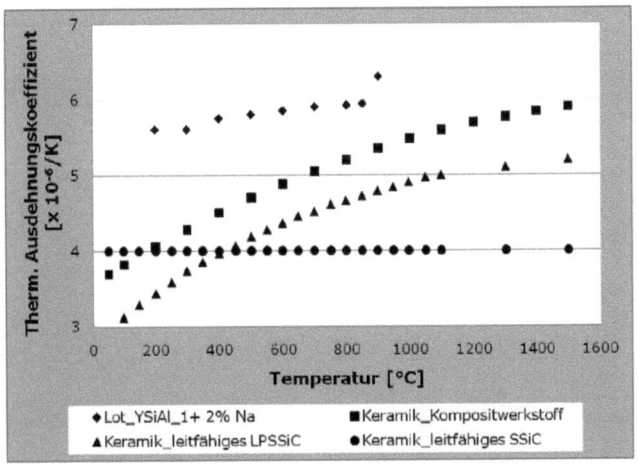

Abbildung 29 Thermische Ausdehnungskoeffizienten von Lot und Keramiken

DTA/TG-Analyse

Im Ergebnis früherer Arbeiten konnte gezeigt werden, dass das Lot YSiAl_1 nach dem Schmelzen glasig erstarrt ist. Obwohl durch langsames Abkühlen oxidischer Lote ein Auskristallisieren z. B. von $Y_2Si_2O_7$ beschrieben wird [HES, 92], ist das Lot YSiAl_1 sowohl bei langsamem (ca. 10 K/min) als auch bei schnellem Abkühlen der Schmelze in kaltem Wasser glasig erstarrt. Die Zusammensetzung entspricht dabei dem Gebiet der flüssigen Phase des Dreistoffsystems bei T = 1400 °C. Während bei einer Synthesetemperatur von 1400 °C das Lotgemisch noch nicht vollständig aufgeschmolzen ist, kann ein gänzlich geschmolzenes Glaslot bei Synthesetemperaturen von 1500 °C erkannt werden. Die Erhöhung der Synthesetemperatur um 100 K verändert die thermochemischen Eigenschaften des Glaslotes erheblich. Das Erweichungsintervall liegt bei den niedriger geschmolzenen Glasproben in einem recht engen Intervall zwischen 1340 °C und ca. 1410 °C. Die bei 1500 °C geschmolzenen Lote erweichen bereits bei deutlich niedrigeren Temperaturen, was sich auch in den DTA-Messungen widerspiegelt. Die Abbildung 30 zeigt das Ergebnis der DTA/TG-Analyse für das bei 1500 °C geschmolzene Lot YSiAl_1 mit dem Thermal Analyzer der TU BAF, Institut für Keramik, Glas- und Baustofftechnik ermittelt wurde. Die Glasumwandlungstemperatur T_{Onset} nach DIN 51007 beträgt 999 °C (1271 K), die Kristallisationstemperatur T_K beim Abkühlen beträgt 1281 °C.

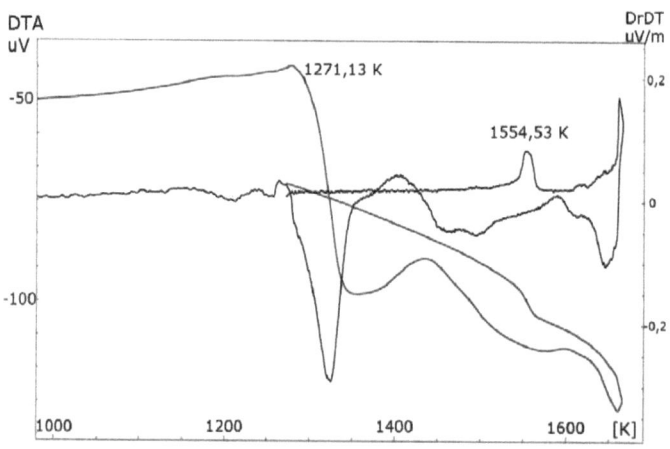

Abbildung 30 DTA/TG – Analyse des Glaslotes YSiAl_1/1500 [KNO, 02]

Röntgenografische ermittelte Phasenzusammensetzung

Die Zusammensetzung der im Verlauf der Lotsynthese gebildeten Phasen des Lotes YSiAl_1 wurde experimentell mit einem Röntgendiffraktometer ermittelt. Die Ergebnisse der Phasenanalyse mit den für das System typischen Phasen sind in Tabelle 32 dargestellt. Die bei 1500 °C geschmolzenen Lote YSiAl_1 und YSiAl_2 bestehen fast nur aus röntgenamorpher Glasphase, so dass nur ein geringer Anteil kristalliner Phasen bestimmt wurde. Deshalb wurden die Lote zusätzlich bei 1400 °C geschmolzen, um die Phasen röntgenografisch nachweisen zu können.

Tabelle 32 Phasenbestand der Lote YSiAl_1, _2 und _4

Lot/ Schmelztemp. Phase:	YSiAl_1/ 1400°C	YSiAl_1/ 1500°C	YSiAl_2/ 1400°C	YSiAl_2/ 1500°C	YSiAl_4/ 1500°C
γ-$Y_2Si_2O_7$ Keiviit	viel	Spuren	viel	wenig	wenig
Al_2O_3 Korund	sehr wenig	0	0	0	0
δ-$Y_2Si_2O_7$	wenig	0	wenig	0	wenig
$3 \cdot Al_2O_3 \cdot 2 \cdot SiO_2$ Mullit	wenig	0	wenig	0	0
$2,5 \cdot Al_2O_3 \cdot 1,5 \cdot Y_2O_3$ YAG	0	0	0	0	viel
Y_2SiO_5	0	0	0	0	Spuren
$2 \cdot Y_2O_3 \cdot Al_2O_3$ YAM	0	0	0	0	0
$Y_2O_3 \cdot Al_2O_3$ YAP	0	0	0	0	0

Simulation mit Chem-/FactSage

Mit dem Programmcode ChemSage bzw. FactSage sind Phasenbildungen in einem Temperaturbereich berechnet worden. Anhand dieser Simulation kann ermittelt werden, welche Phase des Glaslotes bei welcher Temperatur vorliegt. Die Abbildung 31 zeigt eine solche Berechnung des Glaslotes YSiAl_1. Mit Hilfe der sogenannten Targetberechnung werden die eutektischen Zusammensetzungen der Lote berechnet. Das erste

Eutektikum (slag 1) für die Lotzusammensetzung von YSiAl_1 tritt bei 1373 °C auf, weitere Eutektika abweichender chemischer Zusammensetzung (slag 2, 3 und 4) werden für die Temperaturen 1379 °C, 1409 °C und 1428 °C berechnet. Bei dem Lot YSiAl_1 bildet sich laut der Simulation keine Gasphase bei Temperaturen von > 1500 °C aus. Bis ca. 1400 °C sollte das Lot YSiAl_1 hauptsächlich aus den Phasen Y_2O_3*2 SiO_2 und Mullit bestehen, außerdem sind geringe Mengen an Tridymit und Korund enthalten. Über 1500 °C ist das Lot vollständig geschmolzen.

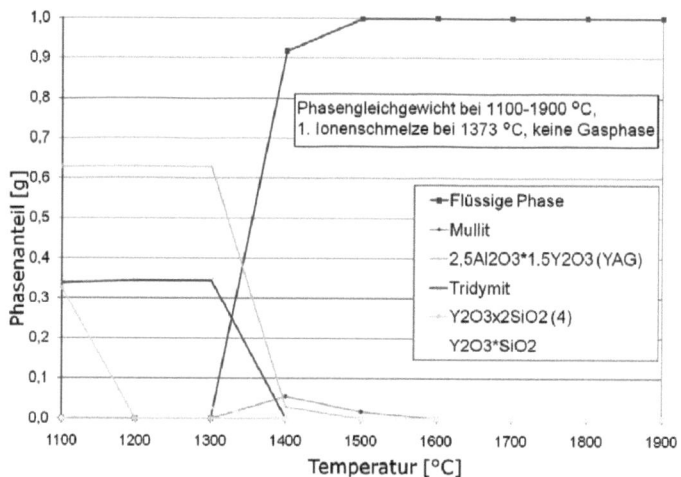

Abbildung 31 Phasengleichgewichtsberechnung des Lotes YSiAl_1 [KNO, 02]

Während sich bei Lot YSiAl_1 der nach Simulation keine Gasphase bildet, tritt bei Lot YSiAl_2 (hier nicht dargestellt) bei Temperaturen höher als 1500 °C ein messbarer Anteil an Gasphase auf.

Spezifischer elektrischer Widerstand

Für das Ziel das Glaslot elektrisch leitfähig zu gestalten, sind Widerstandsmessungen bis 1450 °C durchgeführt worden. Für das oxidische Basislot YSiAl_1 beträgt der elektrische Widerstand bei Raumtemperatur 10000 Ωcm. Mit steigender Temperatur ist ein Abfall des spezifischen elektrischen Widerstandes zu verzeichnen. Im Temperaturbereich zwischen 400 °C und 1400 °C fällt dieser um vier Größenordnungen auf ca.

10 Ωcm. Erst bei Temperaturen oberhalb 1200 °C wird ein Wert erreicht, der mit dem Widerstand des Heizleiterwerkstoffes vergleichbar ist. Ab Temperaturen von 1450 °C werden spezifische Widerstände kleiner 1 Ωcm gemessen, das Glaslot ist dabei jedoch schon so niedrigviskos, dass die mechanische Stabilität einer Fügeverbindung nicht mehr ausreichend gewährleistet wäre. Das Glaslot YSiAl_1 zeigt den typischen Widerstands-Temperatur-Verlauf eines Ionenleiters (s. Kapitel 2.5.2.).

4.1.2. Erhöhung der elektrischen Leitfähigkeit

Zur Erhöhung der elektrischen Leitfähigkeit bei niedrigeren Temperaturen sollen Grafitstifte beitragen, die durch Bohrungen die beiden zu fügenden Keramikproben miteinander verbinden. Die Graphitstifte werden in die Basisglasmatrix eingebunden, womit zusätzlich verhindert wird, dass die elektrisch leitfähigen Brücken bei der späteren Anwendung oxidieren. Die Versuche haben gezeigt, dass zwar feste Fügeverbindungen hergestellt werden können, aber sich in der Keramik infolge der vorangegangenen mechanischen Bearbeitung Spannungen aufgebaut haben. Die thermische Beanspruchung durch den Laserfügeprozess führte bereits während der Bearbeitung zum Bruch der Probekörper. Die Abbildung 32 zeigt die elektrisch leitfähigen Graphitstifte als Brückenelement zwischen den Keramikpartnern. Im rechten Bild ist eine Probe dargestellt, die durch mechanische Beanspruchung und thermische Spannungen gebrochen ist. Die innenliegenden Graphitstifte sind weiß markiert.

Abbildung 32 SiC-Probekörper mit elektrisch leitfähigen Brücken (Graphit)

Die Analyse der Bruchstücke hat ergeben, dass die Graphitstifte vollständig in der Glasmatrix eingebettet sind und keine Oxidation stattgefunden hat. Anhand von Leitfähigkeitsmessungen konnte nachgewiesen werden, dass kein signifikanter Unterschied der elektrischen Leitfähigkeit im Vergleich zu einer ungefügten SiC-Probe messbar war.

Der zweite Weg zur elektrisch leitfähigen Modifikation des Basislotes war die Einbringung von elektrisch leitfähigen Additiven. Bereits geringe Anteile von $MoSi_2$ im Grundlot bewirken einen messbaren Anstieg der elektrischen Leitfähigkeit. Da sich die thermischen Ausdehnungskoeffizienten des Basislotes (ca. $5,1 \cdot 10^{-6}$ K^{-1}) und des $MoSi_2$ (ca. $8 \cdot 10^{-6}$ K^{-1}) unterscheiden, führt die Einbettung des Additivs zu thermisch induzierten Spannungen im Lot. Um diesen Effekt zu minimieren, wurde eine homogene Verteilung des Additivs in der Lotmatrix angestrebt. Insgesamt sind fünf Gemische mit Gehalten zwischen 5 und 25 vol-% der leitfähigen Komponente hergestellt und das Verhalten unter Laserstrahlung getestet worden. Als Strahlquelle kam der Diodenlaser zum Einsatz. Für die Experimente wurde das Lot jeweils als Pulver auf eine SiC-Unterlage aufgebracht und anschließend mittels Laserstrahlung aufgeheizt. Die Versuche wurden in der Vakuumkammer durchgeführt. Das Vakuum von $p = 1,0...1,5 \cdot 10^{-3}$ mbar beeinflusst die Oberflächenspannung des Glases so, dass sich das erwärmende Lotpulver zu einer Kugel zusammenzieht. Damit kann die Mischung beider Komponenten (Grundlot und elektrisch leitfähiger Zusatz) in der Schmelze anschließend beurteilt werden. Die Versuche zum Schmelzverhalten der Lote in der Vakuumkammer haben gezeigt, dass auch geringe Anteilsunterschiede an elektrisch leitfähigem Zusatz einen signifikanten Einfluss auf das Fließverhalten der Glaslote unter Laserstrahlung haben. Die Ergebnisse sind in der Tabelle 33 zusammengefasst.

Tabelle 33 Ergebnisse der Schmelzversuche mit elektrisch leitfähiger Komponente

Versuchsparameter	Ergebnis
Lot: Lotpulver YSiAl_1 + 5 vol-% leitfähige Komponente **Laser:** $P_L = 0 \rightarrow 1000$ W in 3 Sekunden (Rampe)	

Versuchsparameter	Ergebnis
Lot: Lotpulver YSiAl_1 + 10 vol-% leitfähige Komponente **Laser:** $P_L = 0 \rightarrow 1000$ W in 3 Sekunden (Rampe)	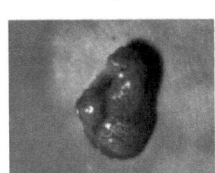
Lot: Lotpulver YSiAl_1 + 15 vol-% leitfähige Komponente **Laser:** $P_L = 0 \rightarrow 1000$ W in 3 Sekunden (Rampe)	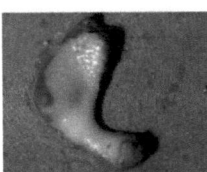
Lot: Lotpulver YSiAl_1 + 25 vol-% leitfähige Komponente **Laser:** $P_L = 0 \rightarrow 1000$ W in 3 Sekunden (Rampe)	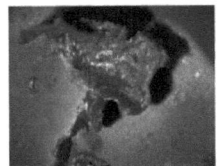

Das Gemisch mit einer Zugabe von 5 vol-% der elektrisch leitfähigen Komponente neigt zu starker Blasenbildung und wird dadurch als ungeeignet eingestuft, da Blasen die Festigkeit der Fügeverbindung negativ beeinflussen und auch der elektrische Widerstand in der Fügezone durch den hohen Blasenanteil ansteigen würde. Ein Anteil von 10 vol-% des Zusatzes zeigt makroskopisch eine homogene Mischung des Additives mit dem Glaslot. Die $MoSi_2$-Partikel sind von der Grundlotmatrix vollständig eingeschlossen. Bei einer weiteren Erhöhung des Anteils der elektrisch leitfähigen Komponente wird die Glasbildung durch den erhöhten Feststoffanteil behindert. Das dritte Bild der zeigt eine Entmischung beider Komponenten (Grundlot und elektrisch leitfähiger Zusatz). Das Lotpulver wird nur zu einem geringen Anteil verglast. Mit dieser inhomogenen Verteilung der elektrisch leitfähigen Partikel kann eine sichere elektrisch leitfähige Verbindung nicht gewährleistet werden. Die Erhöhung der Glasviskosität durch das Zumischen der leitfähigen Partikel hat ein unvollständiges Ausfüllen der Fügenaht zur Folge. Damit verbleibt

Luft im Fügespalt, welche die elektrische Leitfähigkeit und die mechanische Festigkeit signifikant verringert. Das unterste Bild der zeigt das Ergebnis des Versuches mit einem Anteil von 25 vol-% der leitfähigen Komponente. Es ist deutlich erkennbar, dass die Glasbildung ungenügend ist und dieses Gemisch für weitere Versuche ungeeignet ist, da kein Fließen des Lotes bei der Verarbeitungstemperatur (T = 1450 °C) stattfindet und sich somit das Glaslot nicht gleichmäßig in der Fügezone verteilen kann.

Die durchgeführten Untersuchungen haben gezeigt, dass es mit beiden Verfahren gelingt, elektrisch leitfähige Fügeverbindungen herzustellen. Der Graphitstift wurde vollständig im Grundlot eingebunden und gewährleistet den elektrischen Kontakt der Segmente. Auch die Fügenaht mit dem dotierten Grundlot führte zu keinem Abfall der elektrischen Leitfähigkeit im Bauteil. In beiden Fällen konnte die Beständigkeit und Gasdichtheit nachgewiesen werden. Die in Variante 2 vorgeschlagene Entwicklung eines elektrisch leitenden Glaslotes hätte den Vorteil, dass Bauteilspannungen, die durch die mechanische Bearbeitung beim Einfügen der Graphitteile entstehen, vermieden werden können. Daraus würde eine bessere thermomechanische Beständigkeit der Fügeverbindung resultieren.

Zusammenfassend ist zu konstatieren, dass zum Fügen der SiC-Keramik und des Kompositwerkstoffes das Grundlot mit einem Anteil von 10 vol-% der leitfähigen Komponente $MoSi_2$ favorisiert wird. Weitere Untersuchungen müssen zeigen, ob damit eine ausreichende Festigkeit und elektrische Leitfähigkeit der Fügeverbindung erreicht werden kann.

4.1.3. Verteilung der elektrisch leitfähigen Partikel

Um die Verteilung der elektrisch leitfähigen Additive begutachten zu können, mussten die gefügten Biegestäbchen geschnitten und eingebettet werden. Bei der Probenpräparation ist vor allem darauf zu achten, dass ebene, möglichst hochglanzpolierte Flächen an den Proben entstehen, damit unter anderem Phasenbestandteile auch erkannt werden können. Nach dem Schleifen und Polieren standen die Schliffproben für

Untersuchungen hinsichtlich der Fügenahtqualität zur Verfügung. Bei einigen Fügenähten wurde mittels der Energiedispersiven Röntgenspektroskopie (EDX) die Elementzusammensetzung bestimmt. In der Abbildung 33 sind zwei EDX-Spektren dargestellt.

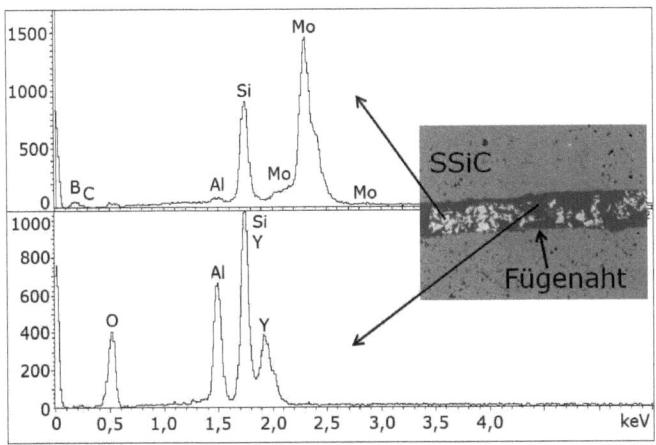

Abbildung 33 EDX-Spektren der Fügenaht zur Elementbestimmung

Das Diagramm zeigt die Signalintensität auf der Ordinatenachse in Abhängigkeit von der Energie der Röntgenquanten auf der Abszisse. Betrachtet man den kleinen Ausschnitt der Fügenaht in der Abbildung 33, so konnten zwei farblich unterschiedliche Bereiche in der Glasphase detektiert werden. Die weißen Ausscheidungen und die graue Substanz sind mit EDX-Messungen bestimmen worden. Das obere Spektrum zeigt die Ergebnisse der weißen Ausscheidungen in der Glasphase der Fügenaht. Es konnte eindeutig $MoSi_2$ nachgewiesen werden. Das untere Spektrum zeigt die zweite, dunklere Phase der Naht. Die Analyse ergab die Zusammensetzung des Grundlotes (Al, Si, Y, O) auch in ihren Massenanteilen (Al = 27 %; Si = 35 %; Y = 25 %; und O = 39 %).

Nachdem ermittelt werden konnte, welche Phasen in der Fügenaht sich wie abzeichnen, wurden die gefügten Proben mikroskopisch untersucht. Ausgehend von den Mikroskopaufnahmen (s. Abbildung 34) ist festgestellt worden, dass die Verteilung der leitfähigen Additive im Grundlot ungleichmäßig ist. Das einfache Zumischen führt zur Bildung von Konglomeraten der $MoSi_2$-Partikel im Lot, so dass sich Inseln mit hohem Additivanteil mit Gebieten ohne Additive stochastisch im erstarrten Lot abwechseln. In Mischtests konnte eine optimierte Mischprozedur ermittelt werden, die zu einer weitestgehend homogenen Verteilung führt.

In Mischtests sollte die Homogenität des Basislotes und der elektrisch leitfähigen Partikel gesteigert werden, um so die Mischgüte deutlich zu verbessern. Die betrachtete Mischung der beiden Komponenten erfolgte durch das sogenannte Trockenmischen. Dabei wird mit einem Glasstab von Hand das Basislot mit dem elektrisch leitfähigen Additiv gemischt. Die Bewertung der Mischgüte wird nach dem Laserfügen eingeschätzt. Es ist in Abbildung 34 zu sehen, dass die dunklen Partikel (elektrisch leitfähige Komponente) als Aggregate und nicht vereinzelt im Lot auftreten.

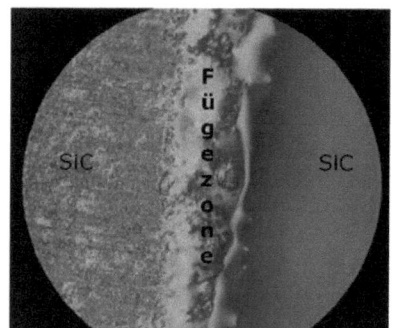 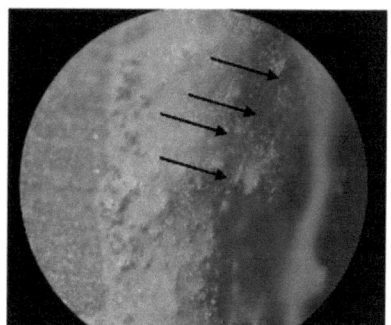

| Fügenaht von SiC mit Lot YSiAl_1 mit 10 vol-% Additiv, 20-er Objektiv | Fügenaht von SiC mit Lot YSiAl_1 mit 10 vol.-% Additiv, 50-er Objektiv |

Abbildung 34 Ungleichmäßige Verteilung der leitfähigen Partikel im Grundlot

Die gewünschte Gesamt-Leitfähigkeit des Lotes nach dem Laserfügen wurde jedoch trotzdem erreicht. Auf Grund der stochastischen, ungleichmäßigen Verteilung der leitfähigen Partikel im Grundlot und des damit verbundenen lokal sehr unterschiedlichen elektrischen Widerstandes im Lot ist hier mit verstärkten lokalen Thermospannungen während der Einsatzzeit zu rechnen. Um diesen ungewünschten Effekt zu minimieren und besser reproduzierbare Lotverbindungen zu erreichen, werden Mischtests zur Verbesserung der Homogenität des Lot-Additiv-Gemisches durchgeführt. Ziel der Tests ist es, den mikrofeinen elektrisch leitfähigen Zusatz (x_{50} = 2,3 µm, x_{90} = 4,4 µm) gleichmäßig im Lotpulver (x_{50} = 12,6 µm, x_{90} = 39,7 µm) zu verteilen.

Es wurden Gemische nach folgenden Verfahren hergestellt:

0. Referenzprobe: Trockenmischen der beiden Komponenten (Grundlot und elektrisch leitfähige Partikel) in einem Becherglas.
1. Mischen des Lotes und des Additives im Ultraschall-Bad (US-Bad) bei ca. 70 °C für 10 min in dicker Trübe, d. h. 2 g Feststoff in ca. 1 g Ethanol. Das Becherglas wurde mit einer Uhrglasschale abgedeckt und das Gemisch anschließend ohne Abdeckung im Trockenschrank getrocknet.
2. Zum Mischen wurde ein Magnetrührwerk verwendet. Beide Komponenten sind in dicker Trübe (s. o.) für 10 min gemischt worden. Das Becherglas war mit einer Uhrglasschale abgedeckt und anschließend folgte die Trocknung.
3. Das Trockenmischen wurde in einer Fliehkraftmühle (Fa. Fritsch, P6) mit 30 Mahlkugeln (Ø = 10 mm) bei einer Drehzahl von ca. 500 U/min und einer Mischdauer von 30 min durchgeführt.
4. Mechanisches Aktivieren mit 5 Mahlkugeln (Ø = 20 mm) in der Fliehkraftmühle P6, die Drehzahl betrug ca. 650 U/min. Das Gemisch wurde 60 min lang mit dem Zusatz Triethanolamin als Mahlhilfsmittels homogenisiert, damit Anbackungen vermieden werden.
5. Dispergieren des Gemenges in Wasser unter Zusatz von Spülmittel für 10 min im US-Bad bei 80 °C, danach erfolgte die Trocknung im Trockenschrank.

Anschließend wurden Schmelztests durchgeführt. Diese dienten der Bewertung der Mischgüte nach dem Erhitzen bis deutlich über die Erweichungstemperatur des Lotes YSiAl_1 von T = ca. 1000 °C hinaus. Für die Schmelztests wurden kleine Zylinder von 3 mm Ø und 3-5 mm Höhe gepresst und im Hochtemperatur-Ofen auf 1350 °C erhitzt. Nach 10 min Haltezeit wurden die Zylinder abgekühlt, mit dem Mikroskop Nikon Eclypse analysiert und mit der Nikon Coolpix-Kamera vom Typ E995 aufgenommen. Die mikroskopische Bewertung ist in den folgenden Abbildungen dargestellt. Die ersten beiden Bilder zeigen die Referenzprobe mit unterschiedlicher Vergrößerung (Abbildung 35).

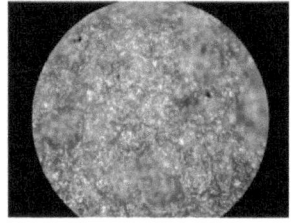
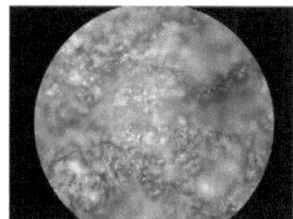

Abbildung 35 Referenzprobe; links: 20-er Objektiv, rechts: 50-er Objektiv

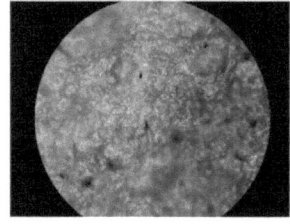
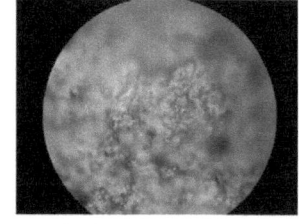

Abbildung 36 10 min US-Bad bei 80 °C; links: 20-er Objektiv, rechts: 50-er Objektiv

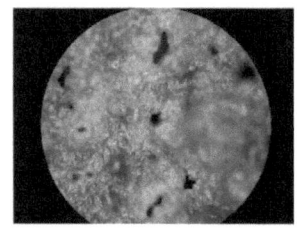
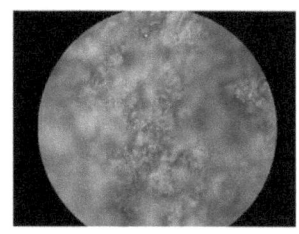

Abbildung 37 10 min Magnetrührwerk; links: 20-er Objektiv, rechts: 50-er Objektiv

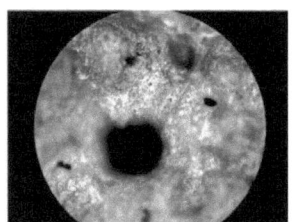
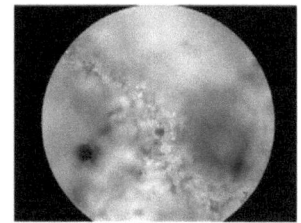

Abbildung 38 Mischmahlen in P6; links: 20-er Objektiv, rechts: 50-er Objektiv

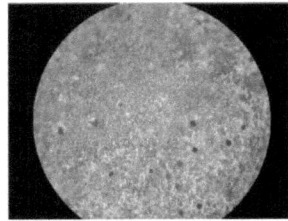 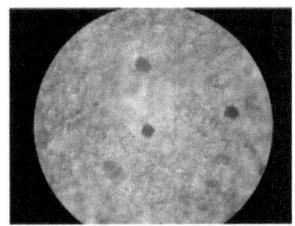

Abbildung 39 Mechan. Aktivieren in P6; links: 20-er Objektiv, rechts: 50-er Objektiv

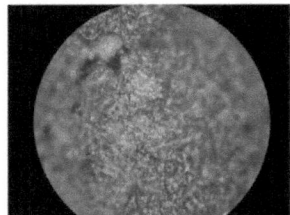 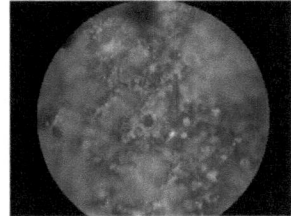

Abbildung 40 Nassmischen im US-Bad; links: 20-er Objektiv, rechts: 50-er Objektiv

Abschließend erfolgte die Bewertung der Mischgüte nach dem Schmelzen. Die Referenzprobe nach dem Trockenmischen zeigt ein schlechteres Mischergebnis als beim Mischen in dicker Trübe (Abbildung 36, Abbildung 37). Dagegen führt das Mischen in dicker Trübe mittels Magnetrührer zu einer ungleichmäßigen Verteilung der Aggregate zwischen den Lotglaspartikeln (Abbildung 37). Das trockene Mischen in der Fliehkraftmühle ergibt ebenfalls keine homogene Verteilung der leitfähigen Partikel. Außerdem traten nach dem Schmelzen 40 µm bis zu 400 µm große schwarze Löcher im Lot auf (Abbildung 38). Das Mechanische Aktivieren bei hoher Beanspruchungsintensität führt dagegen zu einer homogenen Verteilung der Partikel in den ebenfalls sehr fein gemahlenen Glaspartikeln Einzelne schwarz gefärbte „Löcher" sind nur 20 bis 40 µm groß (Abbildung 39). Das Nassmischen mit Wasser mit wenig Fit als Dispergiermittel im US-Bad führt dagegen wieder zu einer relativ schlechten Verteilung der unregelmäßig geformten Aggregate (Abbildung 42). Abschließend wird eingeschätzt, dass das Nassmischen der Ausgangsstoffe in Ethanol im US-Bad zu einer ausreichenden Homogenisierung führt. Um die Ethanolmenge einzuschränken, sollte in dicker Trübe gemischt werden. Wird eine noch homogenere Struktur der

Mischpartner gewünscht, kann dies in einer Hochleistungsmühle wie Fliehkraft- oder Planetenmühle erreicht werden.

Die folgenden Abbildung 41, Abbildung 42 und Abbildung 43 zeigen vergleichend die Ergebnisse der beiden Mischverfahren anhand der Partikelverteilung in der Fügenaht. Die Bilder wurden mit dem Lasermikroskop der Fa. Keyence aufgenommen. In der Abbildung 41 und Abbildung 42 ist die Verteilung der elektrisch leitfähigen Partikel nach dem Fügen in der Fügenaht dargestellt. Dabei erfolgte die Mischung von Grundlot und Partikel durch Trockenmischen mit dem Glasstab von Hand (bisheriges Mischverfahren). Es wird deutlich, dass die leitfähigen Partikel sich nicht homogen über das gesamte Nahtvolumen (über die gesamte Nahtlänge) verteilen. Sie konzentrieren sich stochastisch verteilt in bestimmten Bereichen und bilden dort Cluster. Die Abbildung 41 zeigt einen Ausschnitt der Fügezone, wo sich die $MoSi_2$-Partikel nur am Rand der Fügenaht angelagert haben, aber nicht durchgehend in der Glasphase zu finden sind. An diesen Stellen wird erwartet, dass der elektrische Widerstand größer ist, und es somit zu einer Erwärmung in der Fügenaht kommt. Ein solcher Effekt ist unerwünscht, da sich der Heizleiter ungleichmäßig aufwärmt und sich solche entstehenden Hot-Spots (s. Kapitel 4.3.4.) im Anwendungsfall nicht regeln/steuern lassen.

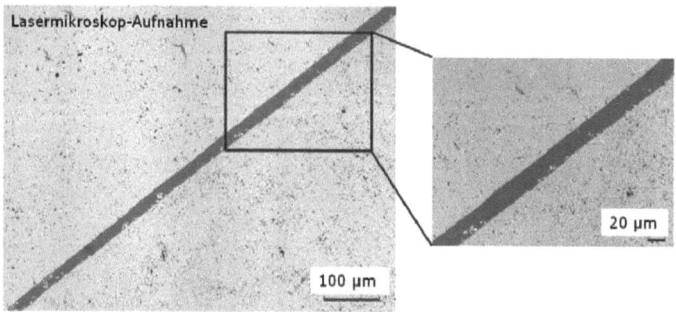

Abbildung 41 Schlechte Verteilung der $MoSi_2$-Partikel im Grundlot (Trockenmischen)

In der Abbildung 42 ist eine bessere Verteilung der elektrisch leitfähigen $MoSi_2$-Partikel zu erkennen. Die Cluster liegen hier vereinzelt vor, belegen aber die gesamte Fügenahtbreite, so dass der Stromfluss ungehindert erfolgen kann. Die Verteilung der Partikel kann zwar als gleichmäßig bezeichnet werden, muss aber für die Anwendung als Heizelement noch dichter vorliegen.

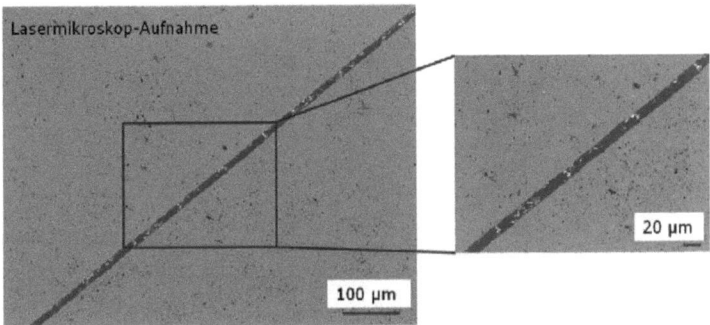

Abbildung 42 Bessere Verteilung der $MoSi_2$-Partikel im Grundlot (Trockenmischen)

In der Abbildung 43 ist das Ergebnis des Nassmischens mit Ethanol im Ultraschallbad zu sehen. Es wird deutlich, dass die leitfähigen Partikel gleichmäßiger und dichter in der Naht verteilt sind. Die $MoSi_2$-Cluster erstrecken sich über die gesamte Nahtbreite.

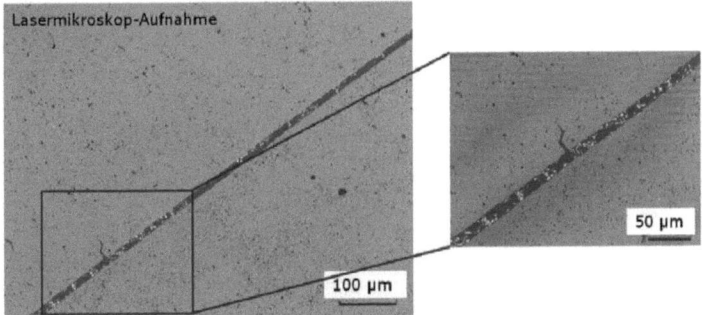

Abbildung 43 Gute Verteilung der $MoSi_2$-Partikel im Grundlot (Nassmischen)

Das Glaslot wird demzufolge durch das Nassmischen mit Ethanol im Ultraschallbad mit den elektrisch leitfähigen Partikeln deutlich homogener gemischt. Die elektrische Leitfähigkeit genügt den Anforderungen. Darüber hinaus führt eine homogene Verteilung zu einem maximalen Anstieg der Leitfähigkeit.

Die Verteilung der Partikel durch die optimierte Mischprozedur ist in der Abbildung 44 dargestellt. Das Bild zeigt einen Ausschnitt der Glasmatrix in der Fügezone. Gut erkennbar ist die gleichmäßige Verteilung der $MoSi_2$-Partikel im Basislot.

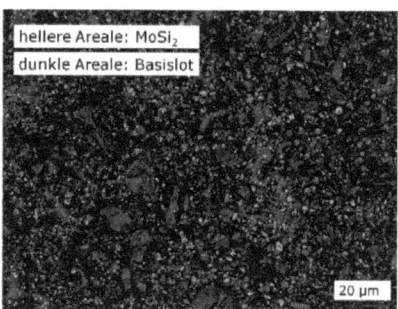

Abbildung 44 Mischgüte des Grundlotes mit leitfähigen Additiven

4.1.4. Benetzungsverhalten des Lotes

Das Benetzungsverhalten des Lotes ist auf den LPSSiC- und SSiC-Oberflächen gleich. In der Abbildung 45 ist eine Vergrößerung des Randbereiches der Fügezone am Beispiel einer gefügten SSiC-Probe dargestellt.

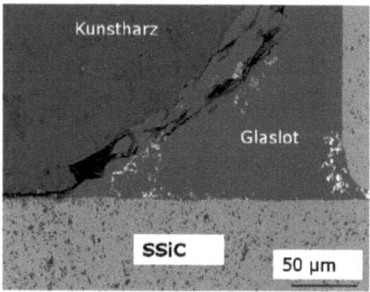

Abbildung 45 Randbereich einer Fügenaht einer SSiC-Schliffprobe

Die Probe wurde mit einem geringen Versatz gefügt, welcher durch das Einspannen in die Halterung entstanden ist. Die helle Fläche (unterer Bildbereich und rechter Bildbereich) ist das SSiC. Der Bereich ohne erkennbare Struktur ist das Glaslot und die eingeschlossenen hellen Inseln sind elektrisch leitfähige Partikel, die sich im austretenden Lot separiert haben. Im Randbereich des Glases sind Ausbrüche zu sehen, die aller Wahrscheinlichkeit nach durch das Schleifen und Polieren der Proben entstanden sind. Der restliche dunkle Bereich (oben-links) ist die Einbettmasse (Kunstharz). Anhand des Übergangsbereiches vom Glaslot zur Keramik kann ein sehr gutes Benetzungsverhalten des Lotes auf der Keramik konstatiert werden. Die folgenden Abbildungen zeigen detailliertere Untersuchungen.

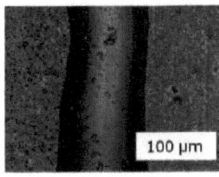
a) Naht beidseitig

b) Naht links

c) Naht rechts

Abbildung 46 Fügezone der gefügten Biegestäbe

In der Abbildung 46 ist ein kleiner Ausschnitt der Oberfläche der Fügezone dargestellt. Die gleichmäßige Verteilung des Glaslotes auf der Probenoberfläche ist sehr gut sichtbar. Das Glas zeigt in der dargestellten Vergrößerung oberflächlich keinerlei Lunker oder Poren und die Fügenaht ist homogen dicht. Bei einer weiteren Vergrößerung des Ausschnittes (Abbildung 46, Bild b) und c)) bestätigt sich dies. Zwar sind vereinzelte Mikroblasen im Glas erkennbar, die jedoch separiert vorliegen, so dass die Glasschicht dicht ist und eine Oxidation der dem Glaslot zugefügten elektrisch leitfähigen Partikel verhindert. Des Weiteren kann der Übergang vom Glaslot zur Keramik positiv bewertet werden. Da das Lot auf der Keramikoberfläche verläuft und sich nicht durch Oberflächenspannung zusammenzieht, kann auf eine sehr gute Benetzung geschlossen werden. Aufgrund der enormen Bedeutung des Benetzungsproblems beim Fügen von Keramik, wurde das Benetzungsverhalten noch genauer betrachtet. Dazu wurden mit dem Lasermikroskop Profile der gefügten Proben aufgenommen. Die Ergebnisse dieser Untersuchung sind in der folgenden Abbildung dargestellt.

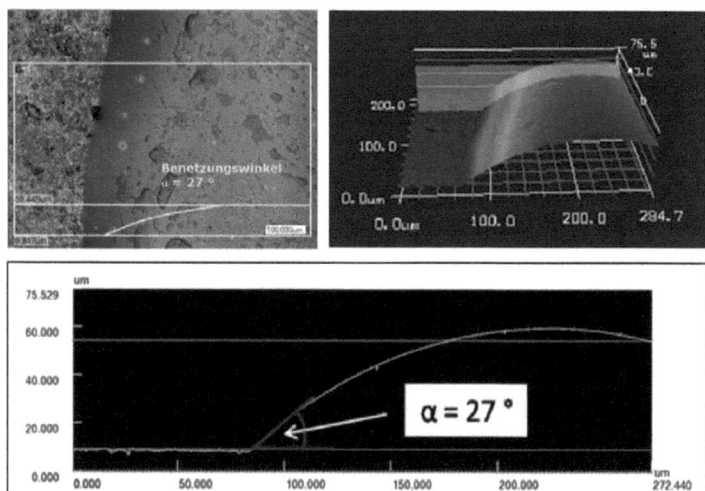

Abbildung 47 Übergangsbereich Glaslot – SSiC-Keramik

Die Abbildung 47 zeigt, dass zwischen Glaslot und Keramik ein kleiner Benetzungswinkel von α = 27 ° vorliegt. Im Bereich der Lötverfahren wird bei Benetzungswinkeln von 0 bis 30 ° von vollständiger bis ausreichender Benetzung gesprochen. Das Ergebnis zeigt, dass das Glaslot die Keramikoberfläche ausreichend benetzt. Dies ist ein weiterer Hinweis, dass das Lot YSiAl_1 mit 10 vol-% leitfähiger Partikel zum Fügen der SSiC-Proben sehr gut geeignet ist. Zu den Untersuchungen mit dem Lasermikroskop sind Bilder mit einem Rasterelektronenmikroskop (REM) erzeugt worden. Die folgende Abbildung 48 zeigt Aufnahmen mit einer 3000-fachen Vergrößerung. Der Fügespalt dieser Proben war nicht vollständig mit Glaslot ausgefüllt, sodass an den Porenrändern die Benetzung genau betrachtet werden kann.

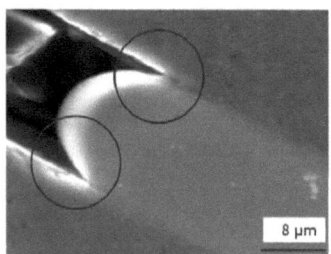 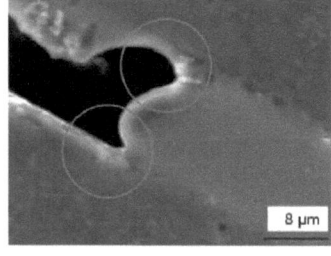

Abbildung 48 Benetzungsverhalten in unvollständig ausgefülltem Fügespalt

Auffällig ist, dass in ein und derselben Fügenaht unterschiedliches Benetzungsverhalten auftritt. Das linke Bild der Abbildung 48 zeigt das Glaslot mit einem sehr großen Benetzungswinkel zur Keramik. Auf dem rechten Bild kann man kleine Benetzungswinkel feststellen. Erklärbar wäre das mit einer unterschiedlichen Oberflächenbeschaffenheit der zu fügenden Stirnseiten der Proben. Zum Beispiel kann sich durch die Herstellung oder Nachbearbeitung der Proben (schleifen, polieren) Restkohlenstoff auf den Fügeflächen abgelagert haben. Die Gegenwart von Kohlenstoff verschlechtert die Benetzung zwischen dem Lot und der Keramik signifikant [KOL, 04]. Gehalte an Verunreinigungen wie O_2, C oder N_2 können die Benetzung und somit die mechanische Festigkeit der Fügeverbindung beeinflussen und bspw. zu einer Versprödung führen. Für eine optimale Fügung ist ein kleiner Benetzungswinkel erwünscht.

Zusammenfassend kann gesagt werden, dass blasen- und porenfreie Fügenähte reproduzierbar hergestellt werden konnten. Die elektrisch leitfähigen Partikel sind gleichmäßig in der Matrix des Basislotes verteilt und gewähren eine elektrisch leitfähige Verbindung zwischen zwei oder mehr Keramikkomponenten. Die Realisierung von schmalen Fügenähten hat den Vorteil, dass die Angriffsfläche für korrosive Medien minimal ist. Ein Beispiel einer Fügenaht ist in der Abbildung 49 gezeigt, wo ein Ausschnitt einer poren- und blasenfreien Fügenaht zu sehen ist.

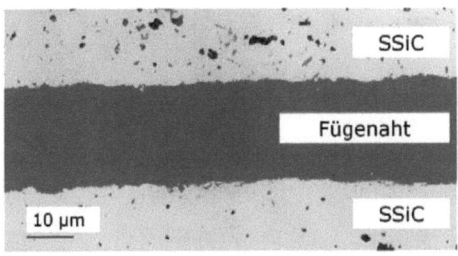

Abbildung 49 Ausschnitt Fügenaht einer SSiC-SSiC-Verbindung

Das Bild zeigt eine Lasermikroskopaufnahme einer SSiC-Probe mit sehr guter Anbindung bzw. Haftung des Lotes an den Grundwerkstoff. In der Fügenaht sind keinerlei Poren oder Blasen sichtbar. Die Nahtbreite der lasergefügten Verbindungen beträgt ca. 20 µm und bietet nur eine geringe Angriffsfläche auf korrosive Medien.

4.1.5. Verträglichkeit mit organischen Molekülen

Die Anwendung der SSiC-Heizrohre zur Herstellung von OLEDs[31] setzt voraus, dass das Glaslot in dem Hochvakuum-Beschichtungsprozess nicht mit dem Verdampfungsmaterial in Form von organischen Molekülen reagiert. Zum Test der Verträglichkeit wurden vom Projektpartner Restgasanalysen mittels Massenspektrometer mit ausgewählten Substanzen durchgeführt. Diese Versuche fanden im Vakuum unter realen Prozessbedingungen statt. Es wurden das Basislot und das elektrisch leitfähige Lot pulverförmig getestet. Die Versuche sind unter Vakuum bei $3 \cdot 10^{-6}$ mbar und Temperaturen von 700 °C für mindestens eine Stunde durchgeführt worden. Bei beiden Proben gab es bei Raumtemperatur und bei 700 °C keine Anzeichen auf ein Ausgasen der primären, in den Proben vorhandenen, Substanzen. Diese werden bereits beim Fügeprozess entfernt. Die Beimengung von $MoSi_2$ hat auf den Beschichtungsprozess keinen Einfluss. Es ist jedoch nicht vollständig auszuschließen, dass die Hauptbestandteile des Lotes (Y, Si und Al) chemisch nicht mit den organischen Beschichtungsmaterialien reagieren. Aufgrund der geringen Angriffsfläche durch die schmale Fügenaht ist die Wahrscheinlichkeit sehr gering. Dazu kommt, dass das Glaslot nach dem Fügeprozess in verglaster Form vorliegt.

4.2. Aufheizverhalten unter Laserbestrahlung

Zur Untersuchung des Aufheizverhaltens unter Diodenlaserstrahlung wurden rechteckige Stäbe (Biegestäbchen, s. Kapitel 3.1.2.) in die Spannvorrichtung einseitig eingespannt. Zur Überwachung und Aufzeichnung der erreichten Temperatur an der Keramikoberfläche kam die Thermokamera zum Einsatz. Das Aufheizverhalten wurde für die drei verwendeten Werkstoffe SSiC, LPSSiC und Kompositmaterial hinsichtlich der Variation der Laserparameter wie Laserleistung, Drehgeschwindigkeit und Mehrfachbestrahlung untersucht. Die Abbildung 50 zeigt die

---

[31] OLED = organische Leuchtdiode

Ergebnisse der Voruntersuchungen der drei Werkstoffe. Die Proben waren einer konstanten Laserleistung von 210 W und einer Versuchsdauer von 152 s ausgesetzt.

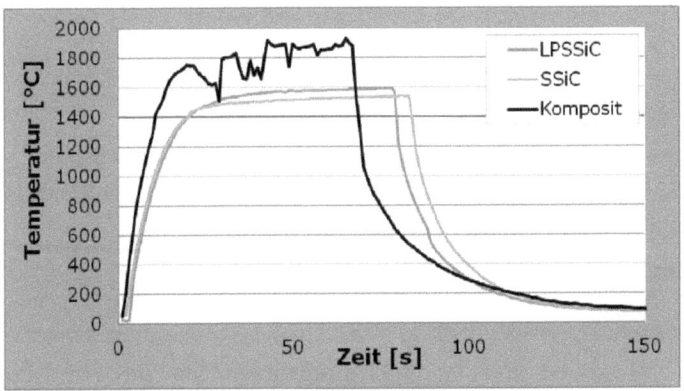

Abbildung 50 Aufheizverhalten der Werkstoffe bei konstanter Laserleistung

Es ist erkennbar, dass die beiden SiC-Werkstoffe in ihrem Aufheizverhalten kaum voneinander abweichen. Bei konstanter Laserleistung erreichen sowohl das SSiC, als auch das LPSSiC nach ca. 70 s den stationären Zustand. Die maximale Temperatur an der Keramikoberfläche beträgt für LPSSiC 1594 °C und für SSiC 1542 °C. Das Kompositmaterial zeigt ein signifikant differenziertes Verhalten. Zum einen ist erkennbar, dass höhere Temperaturen (T_{max} = 1932 °C) gemessen wurden, und zum anderen die Erwärmung nicht konstant erfolgt. Die Temperaturschwankungen werden von Veränderungen an der Materialoberfläche verursacht, da es während der Versuche zur Blasenbildung an der Oberfläche kam, welche die optische Temperaturmessung durch Änderung des Emissionswertes beeinflusst. Die niedrigere Wärmeleitfähigkeit in Kombination mit einer geringeren spezifischen Wärmekapazität des Kompositmaterials erklärt das Erreichen der höheren Temperaturen bei gleicher Laserleistung. Bei geringeren Leistungen (ca. 160 W) lassen sich diese Oberflächenschädigungen vermeiden, so dass man bei allen drei Werkstoffen von einer konstanten Aufheizgeschwindigkeit ausgehen kann. Die Materialien eignen sich für einen kontrollierbaren Fügeprozess mit Laserstrahlung.

4.2.1. Einfluss der Laserleistung

Zum Fügen der Keramikomponenten muss die Schmelztemperatur des ausgewählten Lotes von T > 1450 °C erreicht werden. Durch Variation der Laserleistung erfolgt die Ermittlung der optimalen Arbeitsleistung unter der Berücksichtigung der folgenden Gesichtspunkte:

- die Erwärmung soll gleichmäßig erfolgen,
- Temperaturgradienten müssen minimal gehalten werden,
- die Fügetemperatur soll in einer für den Laserprozess angemessenen Zeit erreicht werden und
- das Aufheizverhalten muss reproduzierbar sein.

Für die beiden SiC-Werkstoffe wurde die Laserleistung zwischen 80 W und 210 W variiert und für den Kompositwerkstoff zwischen 80 W und 160 W. Die Abbildung 51 zeigt die Aufheizkurven des SSiC-Werkstoffes.

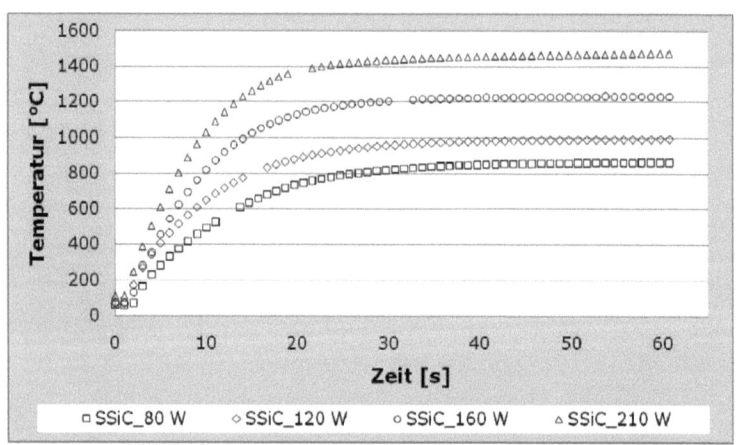

Abbildung 51 Aufheizkurven mit Laserleistungsvariation für SSiC

Es ist erkennbar, dass unabhängig von der Laserleistung die Erwärmung des SSiC-Materials sehr gleichmäßig erfolgt. Bei allen Versuchen steigt die Temperatur nach einer Zeit von 45 s nur noch sehr langsam an. Um die erforderliche Schmelztemperatur des Lotes zu erreichen, ist eine Laserleistung von 210 W für diese Probengröße notwendig. Da das SSiC auch mit dem Kompositwerkstoff zu verbinden ist, muss das Aufheizverhalten ebenfalls bei unterschiedlichen Laserleistungen untersucht werden. Wichtig ist dabei, dass die Zeit zum Erreichen der Schmelztemperatur des Lotes bei beiden Werkstoffen annähernd gleich ist.

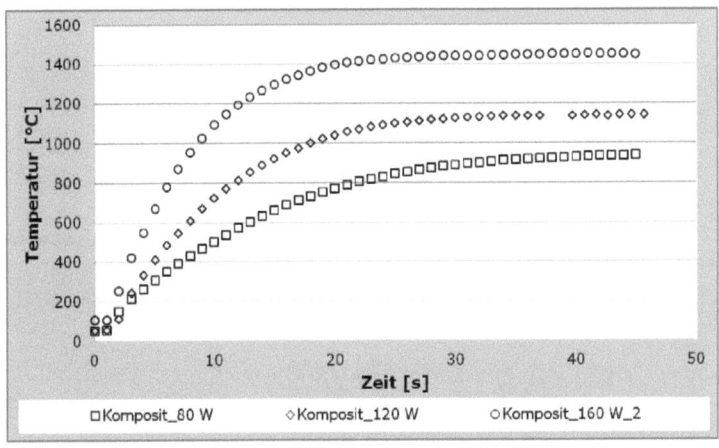

Abbildung 52 Aufheizkurven mit Laserleistungsvariation für Kompositkeramik

Die Aufheizkurven zeigen ebenso eine gleichmäßige und konstante Erwärmung. Zum Erreichen der Fügetemperatur sind 160 W notwendig, die benötigte Zeit beträgt ca. 35 s. Die Vorversuche haben gezeigt, dass bei einer Laserleistung von 210 W die Oberfläche der Kompositkeramik bereits geschädigt wird. Da beide Keramiken miteinander verbunden werden müssen, ist es dennoch notwendig eine Laserleistung von 210 W einzustellen, da sonst dass SSiC die erforderliche Fügetemperatur nicht erreicht. Der Mittelpunkt des Laserstrahles muss aufgrund der höheren Leistungsintensität auf der Seite des SSiC-Werkstoffes positioniert werden. Die Oberflächenschädigungen des Komposites können so vermieden werden und beide Werkstoffe erreichen die zum Fügen erforderliche Temperatur von mindestens 1450 C.

Das Aufheizverhalten des LPSSiC-Materials ist mit dem des SSiC vergleichbar. Bei einer Laserleistung von 210 W wird nach einer Bestrahlungszeit von ca. 40 s die zum Fügen notwendige Temperatur erreicht. Auch dieser Werkstoff zeigt ein sehr gleichmäßiges und konstantes Aufheizverhalten. Für die Fügungen des LPSSiC mit den Komposit muss der Laserstrahl mehr auf der LPSSiC-Komponente positioniert werden, damit es zu keinen Oberflächenschädigungen kommt.

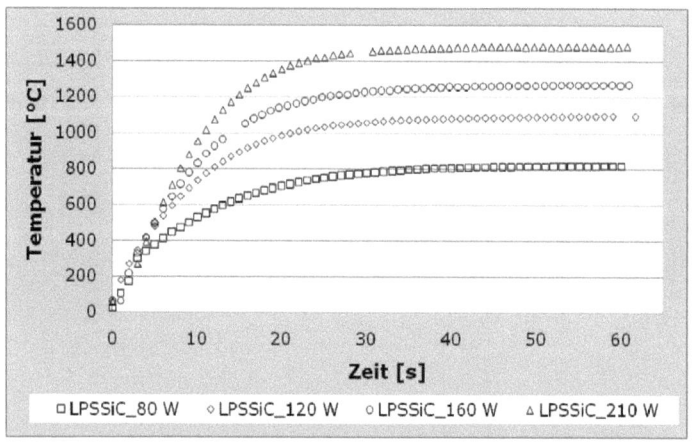

Abbildung 53 Aufheizkurven mit Laserleistungsvariation für LPSSiC

Zusammenfassend kann gesagt werden, dass die Aufheizversuche an gleichen SiC-Stäben gezeigt haben, dass die Strahlleistung die Erwärmungsgeschwindigkeit der Proben stark beeinflusst. Es wird konstatiert, dass eine Erhöhung der Laserleistung von P_L = 160 W auf 210 W die Erwärmungszeit auf die Zieltemperatur von T = 1450 °C um 40 % reduziert.

4.2.2. Einfluss der Rotationsgeschwindigkeit

Das Ziel dieser Versuche war die Ermittlung der günstigsten Rotationsgeschwindigkeit der Probekörper während des Fügeprozesses für deren homogene und kontrollierbare Erwärmung. Der räumliche Temperaturgradient der zu fügenden Proben soll dabei so gering wie möglich gehalten werden. Für diese Versuche wurde die Probenform ‚Röhrchen' (s. Kaptiel 3.1.2.) verwendet. Bei dem LPSSiC konnte der Einfluss der Drehgeschwindigkeit nicht bestimmt werden, da keine rotationssymmetrischen Proben vorlagen. Es ist davon auszugehen, dass sich dieser Werkstoff nicht signifikant vom Verhalten des SSiC unterscheidet. Die Rotationsgeschwindigkeit wurde während der Experimente zwischen

14,5 mm/s und 36,3 mm/s variiert. Die folgende Tabelle 34 umfasst die Messergebnisse.

Tabelle 34 Bestrahlungszeit der Proben zum Erreichen von 1500 °C

Rotationsge-schwindigkeit [mm/s]	Zeit t bis 1500 °C [s]		Variationskoeffizient [%]	
	SSiC	Komposit	SSiC	Komposit
14,5	30 ± 6	38 ± 4	21,2	9,2
18,2	39 ± 6	47 ± 4	15,8	8,9
21,8	44 ± 2	61 ± 3	3,5	5,0
25,4	45 ± 7	70 ± 5	15,9	6,5
29,1	51 ± 6	71 ± 7	12,1	9,1
32,7	78 ± 10	67 ± 15	12,7	21,5
36,3	102 ± 3	93 ± 3	12,5	2,7

Es war zu erwarten, dass die Zeit zum Erreichen der erforderlichen 1500 °C mit zunehmender Drehgeschwindigkeit der Proben ansteigt, aber die Proben gleichmäßiger erwärmt werden. Sowohl die Versuche mit dem SSiC, als auch mit dem Kompositwerkstoff haben diese Aussagen bestätigt. Zu den Auswahlkriterien der günstigsten Rotationsgeschwindigkeit gehörten die Standardabweichung und der Variationskoeffizient. Beide Werte sollten so gering wie möglich sein, um die Reproduzierbarkeit der Versuche nachzuweisen. Desweiteren wurde der Vorteil des schnellen Laserfügeprozesses berücksichtigt und ausgenutzt werden. Bei vergleichbarer Reproduzierbarkeit wird daher die Drehzahl gewählt, die ein schnelleres Erreichen der Fügetemperatur ergeben hat. Die folgende Abbildung 54 zeigt die entstandenen Thermografieaufnahmen der Temperaturverteilungen auf den Probekörpern bei unterschiedlichen Drehgeschwindigkeiten und Temperaturen.

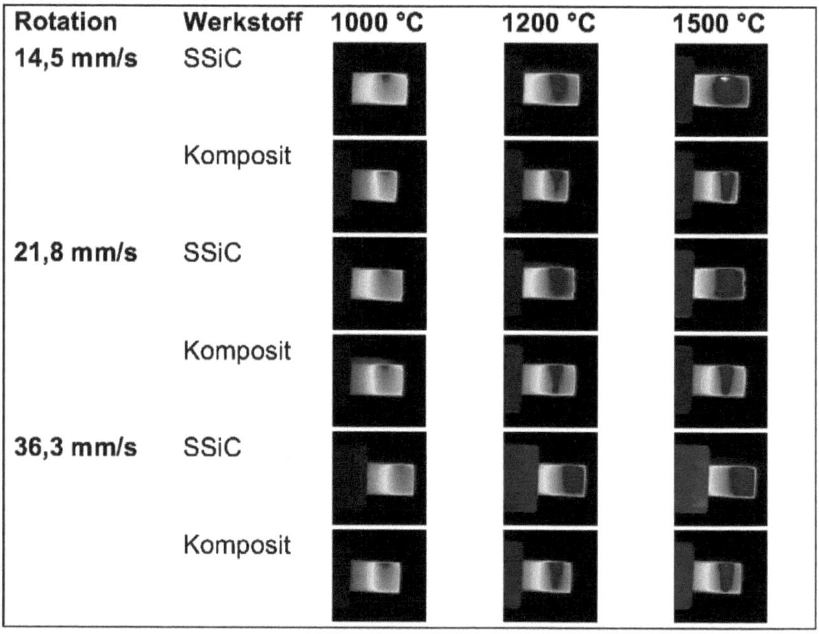

Rotation	Werkstoff	1000 °C	1200 °C	1500 °C
14,5 mm/s	SSiC			
	Komposit			
21,8 mm/s	SSiC			
	Komposit			
36,3 mm/s	SSiC			
	Komposit			

Abbildung 54 Wärmebildaufnahmen bei unterschiedlichen Drehgeschwindigkeiten

Es ist erkennbar, dass bei einer geringen Drehgeschwindigkeit (14,5 mm/s) die Temperaturverteilung sehr ungleichmäßig ist. Man sieht die lokale Aufheizung der Fügezone an der Stelle, wo der Laserstrahl auf die Keramikoberfläche trifft. Der Rest der Fügezone kühlt durch konvektiven Wärmeübergang, aber vor allem durch Wärmestrahlung binnen kurzer Zeit ab. Da so die Fügefläche nicht gleichmäßig erwärmt wird und sich dadurch das Lot nicht gleichmäßig in dem Fügespalt verteilen kann, ist diese Drehgeschwindigkeit nicht geeignet. Bei einer Rotation von 21,8 und 36,3 mm/s erwärmen sich die Probekörper über den gesamten Temperaturbereich sehr gleichmäßig. Für beide Werkstoffe wird anhand der Ergebnisse eine Drehgeschwindigkeit von 21,8 mm/s bei den Fügeversuchen festgelegt. Die Experimente haben gezeigt, dass sich der Probekörper in der Fügezone gleichmäßig erwärmen lässt und das Lot, nach dem Erreichen der Fügetemperatur, den gesamten Fügespalt ausfüllt. Aufgrund der variierenden Durchmesser der Probekörper muss der Wert entsprechend für jeden Versuch angepasst werden.

4.2.3. Einfluss der Mehrfachbestrahlung

Ziel der durchgeführten Wiederholungsversuche war die Untersuchung des Aufheizverhaltens bei gleicher Laserleistung und ohne Probenrotation. Die Laserstrahlung kann unter ungeeigneten Fügebedingungen Oberflächenveränderungen hervorrufen, die das Absorptions-, Reflexions- bzw. Transmissionsverhalten der Keramiken beeinflusst. Diese mögliche Streuung, kann durch die Mehrfachbestrahlung einer Probe sichtbar gemacht werden, denn das Aufheizverhalten würde sich signifikant ändern. Die Abbildung 55 zeigt das Aufheizverhalten von einer LPSSiC-Probe, die sechsmal mit gleicher Laserleistung bestrahlt wurde.

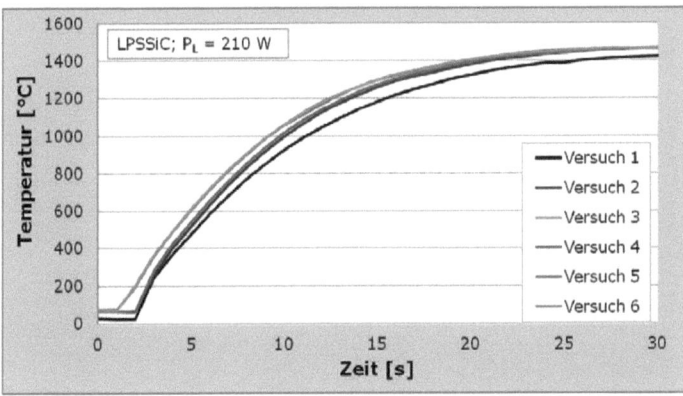

Abbildung 55 Streuung des Aufheizverhaltens von LPSSiC-Proben

Die erste Bestrahlung der LPSSiC-Probe (Versuch 1, schwarze Linie) wurde zeitlich am Längsten durchgeführt. Die Probe erreicht nach ca. 50 s die höchste Temperatur, der stationäre Zustand ist erreicht. Auffällig, im Vergleich zu den nachfolgenden Bestrahlungen, ist, dass die Probe in Versuch 1 langsamer erwärmt wird, der Anstieg der Kurve ist etwas flacher. Die zeitlichen Temperaturverläufe der weiteren Versuche sind identisch, auch das Abkühlverhalten der Proben ist gleich. Der Unterschied zur ersten Bestrahlung der Probe ist mit Verunreinigungen auf der Probenoberfläche bzw. in den Poren erklärbar. Ab 800 °C kommt es während der Bestrahlung zu einer Rauchentwicklung. Aufgrund der Temperaturen zum Start der Ausgasungen wird das Vorhandensein von organischem Material vermutet, welches verbrennt. Zur Oberflächen-

und Formbearbeitung der Proben kommen unter anderen kohlenstoffhaltige Schleif- und Poliermittel zum Einsatz, welche sich auf der Keramik festsetzen. Nach der ersten Laserbestrahlung kann von einer rückstandslosen Entfernung der Ablagerungen ausgegangen werden, welches durch die identischen Verläufen aller weiteren Bestrahlungen bestätigt wird.

Die Abbildung 56 zeigt die Streuung des Aufheizverhaltens von dem SSiC-Werkstoff. Die einstrahlende Laserleistung betrug auch bei diesen Versuchen einheitlich 210 W. Vergleichbar zu dem LPSSiC-Werkstoff erwärmt sich hier die SSiC-Probe bei der ersten Bestrahlung ebenfalls am langsamsten. Die folgenden Verläufe sind wie bei dem LPSSiC ähnlich.

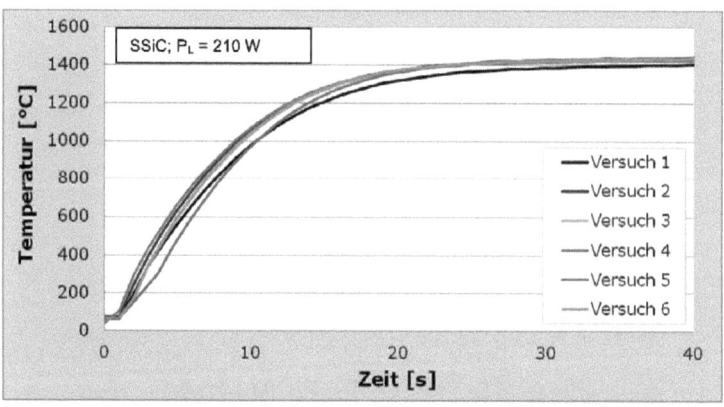

Abbildung 56 Streuung des Aufheizverhaltens von SSiC-Proben

Einen anderen Verlauf zeigt das Aufheizverhalten des Komposit-Werkstoffes nach mehrmaliger Bestrahlung in der Abbildung 57. Die Versuche 1 bis 5 sind mit einer Probe 1 durchgeführt worden, die Versuche 6 bis 8 mit einer Probe 2. Somit sind die Versuche 1 und 6 jeweils die ersten Bestrahlungen der Proben 1 und 2. Die Abbildung 57 zeigt, dass bei den ersten Bestrahlungen der Probe (Versuch 1 und 6) der Temperaturanstieg langsamer erfolgt, und dass es wie bei den SiC-Materialen zum Ausbrennen der Probe kommt. Es ist erkennbar, dass unter diesen Versuchsbedingungen das Kompositmaterial nicht auf die erforderliche Fügetemperatur aufgeheizt werden kann. Ohne die Rotation der Probe kommt es zu Blasenbildungen in der Zone, wo der Laserstrahl auf die Keramik trifft. Die weitere Aufheizung der Probe ist durch das entstehende Luftpolster nicht möglich. Platzen die Blasen, kommt es zu einem rapiden Temperaturanstieg, bis zu einer erneuten Blasenbildung.

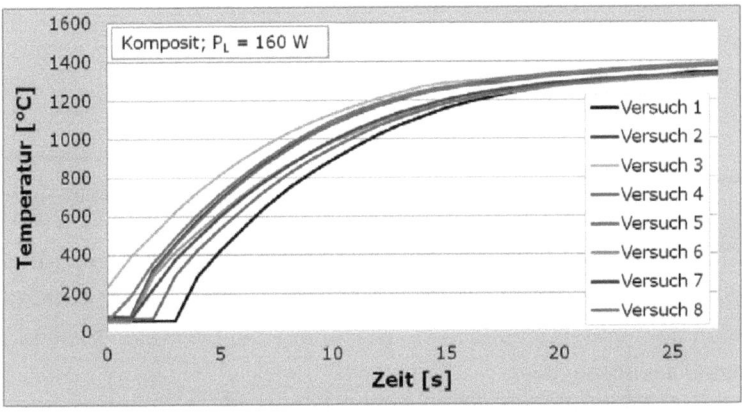

Abbildung 57 Streuung des Aufheizverhaltens von Komposit-Proben

Die Abbildung 58 zeigt die Temperaturschwankungen an der Probenoberfläche der Probe 2 des Kompositmaterials. Das Platzen der Blasen verursacht laut den Wärmebildern einen Temperaturanstieg, während das Wachsen einer Blase eine Temperaturverringerung bzw. Temperaturstagnation auslöst. Das Absinken bzw. Ansteigen der Temperatur kann mit einem sich ändernden Emissionswert der Kompositoberfläche erklärt werden. Bei der ersten Bestrahlung erwärmt sich das Kompositmaterial auf circa 1340 °C. Es sind mehrere Blasen sichtbar. Vor der zweiten Bestrahlung (Versuch 7) werden die Blasen nicht entfernt. Die Temperatur steigt mit gleicher Geschwindigkeit bis etwa 1350 °C. Nach 65 s platzt eine Blase, die Temperatur steigt wieder an. Vor dem dritten Bestrahlungsversuch (Versuch 8) wurden die Blasen auf der Probenoberfläche entfernt. Es ist erkennbar, dass dies zu einer schnelleren Erwärmung der Probe führt. Eine Blase platzt bei diesem Versuch nach circa 40 s.

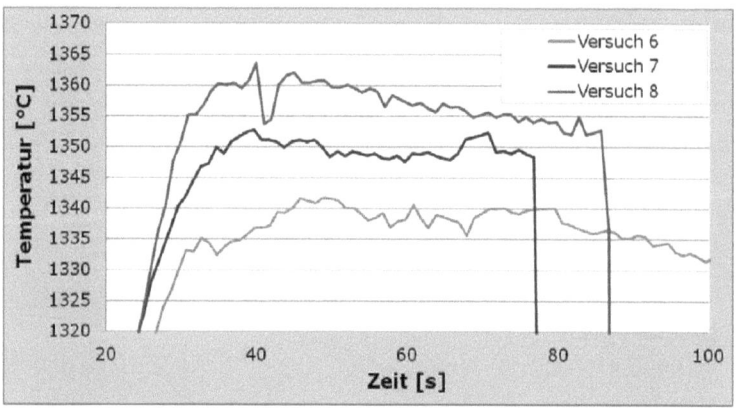

Abbildung 58 Verlauf der Proben-Oberflächentemperatur bei Blasenbildung

Die Temperaturverläufe des Kompositmaterials können aufgrund der oberflächigen Blasenbildung nicht zuverlässig ausgewertet werden. Mit Rotation der Proben konnte keine Blasenbildung bei dieser Laserleistung festgestellt werden.

4.2.4. Gleichmäßiger Energieeintrag

Der gleichmäßige Wärmeeintrag ist ein sehr wichtiger Parameter, um eine feste Fügeverbindung herstellen zu können. Geschieht dies ungleichmäßig, so füllt das Glaslot die Fügespalte unvollständig und nicht gleichmäßig aus, und es bleiben Poren zurück, die die mechanische Festigkeit der Verbindung signifikant mindern.

Die Abbildung 59 zeigt einen Ausschnitt der Fügezone. An diesem Biegestab ist der Einfluss der Geometrie auf die Qualität der Fügenaht deutlich sichtbar. Es wurde mit einer festen Optik gefügt. Die Fügespalttiefe des untersuchten Bauteils liegt bei h = 5 mm. Die laserzugewandte Seite zeigt an der Oberfläche bzw. Randzone Blasen und Poren. Betrachtet man die Fügenaht weiter im Inneren, so wird deutlich, dass die Poren- und Blasenbildung stark zurück geht und das Glaslot gleichmäßig und vollständig den Fügespalt ausfüllt. An der laserabgewandten Seite sind erneut Blasen und Poren erkennbar. Erklärbar ist die randbezogene Blasen- und Porenbildung durch den Wärmeeintrag mittels Laserstrahlung. Um über die gesamte Probentiefe die Temperatur zu erreichen, die für das Fließen des Glaslotes (T = 1450 °C) benötigt wird, muss an der laserzugewandten Seite mehr Leistung eingetragen werden. So sind Temperaturen von T = 1700 °C an der Probenoberfläche keine Seltenheit. Nach der Laserbearbeitung ist deutlich sichtbar, wo der Laser auf der Probenoberfläche die Energie eingetragen hat. Oberflächlich sind Schädigungen der Keramikoberflächen erkennbar, die nachweislich die Eigenschaften der SiC-Matrix nicht beeinflussen. An der laserabgewandten Probenseite werden Temperaturen von nur 1380 °C ermittelt. Damit kann eine Temperaturdifferenz über die 5-mm-Probenhöhe von 320 K konstatiert werden. Während an der Oberfläche Bestandteile des Glases bereits verdampfen, wird die optimale Fließtemperatur des Lotes an der Unterseite nicht erreicht. Eine Fügung in dieser Konstellation ist nicht möglich.

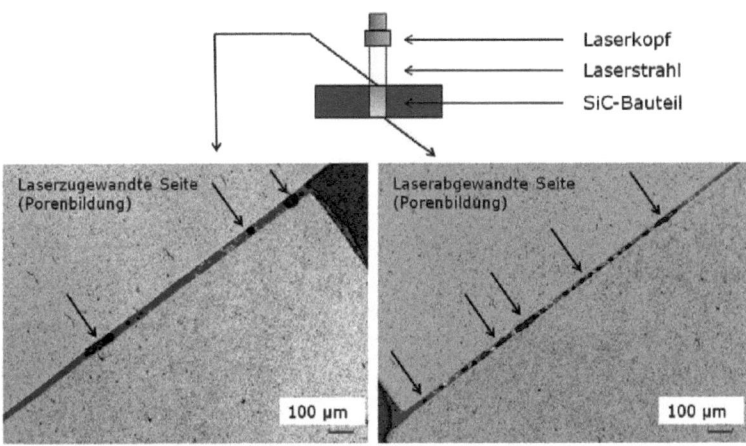

Abbildung 59 Wärmeeintrag laserzu- und laserangewandte Seite der SiC-Probe

Beim Fügen von eckigen Proben mit einer festen Optik werden diese Probleme immer auftreten. Der Energieeintrag kann nur durch andere Strahlführungen verbessert werden. Auch quaderförmige Proben lassen sich nicht mit einer festen Optik fügen, wenn die Fügezone größer als der Laserstrahldurchmesser ist, es müssen Scan-Figuren eingesetzt werden. Die unterschiedlichen Formen wurden in Tabelle 11 gezeigt. Ziel der Versuche an rechteckigen Proben mit einer Höhe von h = 5 mm war die Ermittlung der Eindringtiefe des Laserstrahls über die Probenhöhe je nach Scan-Figur. Es soll gezeigt werden, mit welcher Scan-Figur der beste Energieeintrag realisiert werden kann. Dazu wurde auf einer der Stirnseiten einer quaderförmigen Probe Lot aufgebracht. Zur Auswertung konnte das Benetzungsverhalten des Glaslotes verwendet werden, da eine unterschiedliche Temperaturausbreitung im Fügespalt zu erkennbar unterschiedlichen Glasphasen führt. Die folgende Tabelle zeigt die Ergebnisse der Untersuchungen mit den jeweiligen Scan-Figuren.

Tabelle 35 Schmelzfortschritt im Fügespaltquerschnitt mit verschiedenen Scan-Figuren

	Scan-Figur	Eindringtiefe	Bemerkung
1	Laser scannt Fügespalte in eine Richtung bis zum Probenende und beginnt am Ausgangspunkt erneut.		schwarz: vollständig aufgeschmolzenes Lot, weiß: unvollständig aufgeschmolzenes Lot
2	Laser scannt Fügespalte in beide Richtungen hin und zurück ab.		schwarz: vollständig aufgeschmolzenes Lot, weiß: unvollständig aufgeschmolzenes Lot
3	Laserstrahl rotiert in Form einer breiten Ellipse mit den Wendenpunkten am Probenrand (Kante).		schwarz: vollständig aufgeschmolzenes Lot, weiß: unvollständig aufgeschmolzenes Lot
4	Laserstrahl scannt Füge-spalte in Form einer Zick-Zack-Linie bis zum Probenende und beginnt am Ausgangspunkt erneut.		schwarz: vollständig aufgeschmolzenes Lot, weiß: unvollständig aufgeschmolzenes Lot
5	Laserstrahl rotiert in Form einer schmalen Ellipse mit den Wendepunkten außerhalb der Probenoberfläche.		schwarz: vollständig aufgeschmolzenes Lot

Es ist erkennbar, dass ein vollständiges Aufschmelzen des Lotes über den gesamten Fügespaltquerschnitt mit der Scan-Figur 5 erreichbar ist. Das Glaslot zeigt eine sehr gute Benetzung auf der Stirnseite der Probe. Bei den anderen Scan-Figuren ist das Glaslot nicht vollständig bis zur laserabgewandten Seite aufgeschmolzen und benetzt die SiC-Keramik ungenügend. Die Herstellung einer mechanisch festen Fügeverbindung ist nicht möglich. Zur Vermeidung dieses Problems sollten rotationssymmetrische Geometrien verwendet werden. Unter Rotation wird ein gleichmäßiger Energieeintrag bis in die erforderliche Fügetiefe gewährleistet, ohne dass die Probenoberfläche stark beschädigt wird.

4.2.5. Simulationsergebnisse zum Aufheizverhalten

Die Simulation der Probekörper findet dreidimensional statt. Für kürzere Rechenzeiten ist es sinnvoll nur eine Stirnseite zu modellieren. Durch die Angabe einer Symmetriefläche kann das Modell nach der Rechnung vervollständigt werden. Während der Berechnung folgt der Laserstrahl einer definierten Bewegungsgleichung auf der Naht. Auf eine Stirnseite der Probe (Abbildung 60) wird eine Lotschicht der Dicke d = 30 µm, als dünne Schicht mit berücksichtigt.

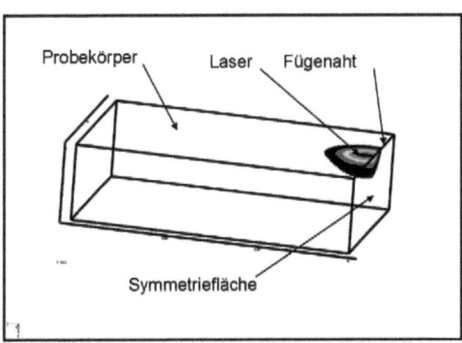

Abbildung 60 Probekörper und Simulation des Laserstrahls als Wärmequelle

Um eine Aussage über die Güte der erzeugten Laserstrahlfügemodelle zu erlangen, werden die berechneten Modelle mit experimentellen Daten verglichen. Die Daten die dem Vergleich zu Grunde liegen, wurden bei einem Fügeversuch mit der Thermobildkamera aufgenommen. Die Probekörper (Abb. 3.1) hatten die Abmessungen 20 x 30 x 8 mm und die

Laserleistung nach der Faseroptik betrug 305 W. Im Experiment wurden die Proben 60 s aufgeheizt.

Das entstandene Temperaturprofil über der y-Achse und die errechneten Werte sind in Abbildung 61 dargestellt.

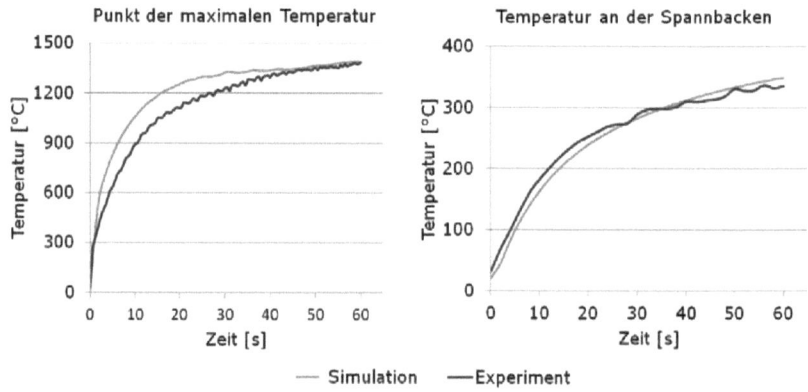

Abbildung 61 Temperaturprofile über die y-Achse der Proben

Der Vergleich der Simulationsrechnungen mit den experimentellen Daten zeigt eine gute Übereinstimmung der Temperaturen im Nahtbereich (linkes Bild) und der Temperaturen nahe der Spannbacken (rechtes Bild). Das erstellte Modell kann somit als Grundlage für weitere Berechnungen verwendet werden.

Die Erkenntnis des besseren Energieeintrages durch die Laserstrahlung rotierender Bauteile wird anhand von Simulationsrechnungen bestätigt. Die folgende Abbildung 62 zeigt eine rechteckige und eine rotationsymmetrische Fügezone. Bei beiden Rechnungen ist die gleiche Laserleistung und Laserleistungsverteilung als Wärmequelle angenommen. Die zum Fügen notwendige Fließtemperatur des Lotes musste in beiden Varianten über eine Tiefe von 5 mm erreicht werden. Die unterschiedliche Temperaturverteilung durch den Aufheizprozess mittels Laserstrahlung ist deutlich sichtbar.

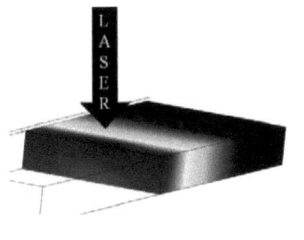 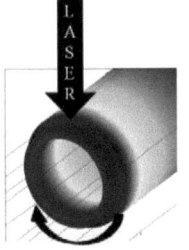

Probenhöhe = 5 mm   Wandstärke = 5 mm

Abbildung 62 Vergleich der Temperaturausbreitung zwischen Platte und Rohr

Da die Probe des rechteckigen Bauteils größer ist als der Laserstrahldurchmesser, musste bei diesem Versuchen der Scanner eingesetzt werden. In Form einer Ellipse wird der Energieeintrag in den Probekörper gewährleistet. Die rotationssymmetrische Probe wurde mit einer festen Optik, einem unbewegten Laserstrahl gefügt. Bei dem rechteckigen Probenquerschnitt ist erkennbar, dass die Oberflächentemperatur auf der laserzugewandten Seite größer ist, als bei der rotationssymmetrischen Probe. Dadurch, dass die benötigte Fließtemperatur des Lotes auch an der laserabgewandten Seite erreicht werden muss, wird es unvermeidbar, dass an der Oberseite eine höhere Temperatur, als benötigt, erreicht wird. Das Temperaturprofil über die Probenhöhe kann also nicht gleichmäßig ausgebildet werden. Die rotationssymmetrischen Proben weisen einen entscheidenden Vorteil auf, denn durch die Probenrotation kann ein sehr gleichmäßiger Energieeintrag in die Tiefe erfolgen. Die Abbildung 62 zeigt deutlich den erklärten Unterschied in der Temperaturverteilung der beiden Probegeometrien. Während zwischen der Quaderober- und Quaderunterseite eine Temperaturdifferenz von 150 K vorliegt, beträgt der Unterschied zwischen Innen- und Außendurchmesser des Rohres 50 K.

In einem weiteren Modell wurde Temperaturverteilung über den Fügequerschnitt simuliert. Der Laserstrahl trifft auf die Probenoberfläche und durch Rotation des Probekörpers soll eine homogene Temperaturverteilung im Nahtbereich erreicht werden (s. 4.2.2.). Die Ergebnisse der Modellrechnung ist in Abbildung 63 dargestellt.

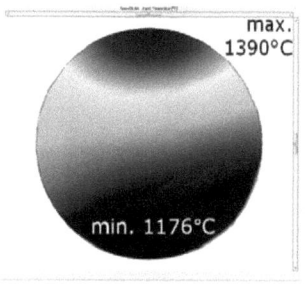 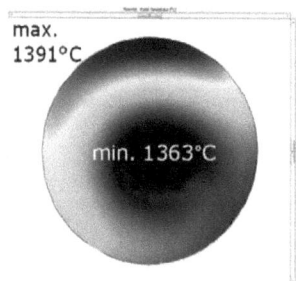

Abbildung 63 Temperaturdifferenzen von verschiedenen Rotationsgeschwindigkeiten

Die linke Abbildung zeigt das errechnete Temperaturfeld mit einer Probenrotationsgeschwindigkeit von 21,8 mm/s. Der wärmste Punkt ist erwartungsgemäß die Kontaktstelle der Probenoberfläche mit dem Laserstrahl. Durch die Rotation der Probe erwärmt sich diese erwartungsgemäß spiralförmig bis zur Probenmitte. Der Temperaturunterschied zwischen der Probenoberfläche und Probenmittelpunkt beträgt 28 K. Bei einer signifikant geringeren Probenrotation (14,5 mm/s) bildet sich, wie im rechten Bild gezeigt, eine andere Temperaturverteilung über den Probenquerschnitt aus. Die gewünschte spiralförmige Temperaturausbreitung ist nicht erkennbar. Aufgrund der geringen Rotationsgeschwindigkeit kühlt die Probe auf der laserabgewandten Seite durch Konvektions- und Strahlungsvorgänge stark ab. Die Temperaturdifferenz zwischen dem wärmsten und kältesten Punkt beträgt bei dieser Rechnung 200 K.

Der Einfluss der Rotationsgeschwindigkeit auf die Art der Temperaturfeldausbreitung konnte anhand der Simulationsrechnungen nachgebildet werden. Die Aussage aus 4.2.2., dass die Rotationsgeschwindigkeit an die Gestaltung der Fügenaht und die Probengeometrie angepasst werden muss, wird mit den COMSOL-Rechnungen bestätigt.

4.2.6. Spektrale Antwortstrahlung der Keramiken

Für Untersuchung der materialspezifischen Antwortspektren werden die beiden Keramiken SSiC und Komposit mit dem Laser bestrahlt. Ein UV-VIS-Spektrometer während der Bestrahlung die Intensitätsverteilung über den Wellenlängenbereich von λ = 350 bis 1000 nm. Die Abbildung

64 zeigt die Graphen der bestrahlten Keramiken. Deutlich erkennbar sind die Peaks der Diodenlaserstrahlung bei λ = 808 nm und λ = 940 nm. Zwei weitere Peaks sind noch im Bereich von λ = 750 nm zu sehen. Das kleine Bild in der Abbildung 64 zeigt diesen Wellenlängenbereich vergrößert. Es ist erkennbar, dass sowohl im SSiC als auch im Kompositwerkstoff eine Wechselwirkung durch die Anregung mit der Diodenlaserstrahlung im Material in diesem Wellenlängenbereich hervorgerufen wird. Ein sehr kleiner Peak lässt sich bei der Wellenlänge von ca. λ = 600 nm vermuten. Damit dieser eventuell vorhandene Peak genauer betrachtet werden kann, wird die Laserleistung erhöht, um ein intensiveres Antwortspektrum zu erhalten.

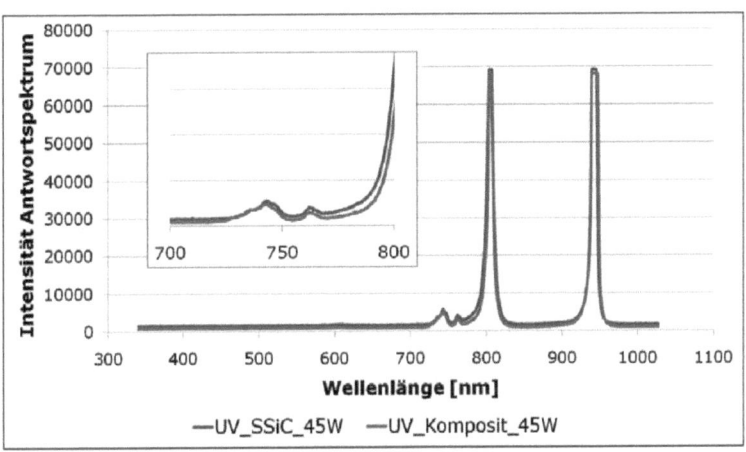

Abbildung 64 Antwortspektrum Diodenlaserstrahlung von SSiC und Komposit

Die Antwortspektren bei höheren Laserleistungen zeigt die Abbildung 65. Mit P_L = 80 W konnte die SSiC-Probe bis ca. T = 1021 °C aufgeheizt werden. So wurden bei den Temperaturen von T = 500 °C, 800 °C und 1000 °C jeweils die Spektren abgespeichert. Für das Erreichen der Temperatur von T = 1200 °C war eine Laserleistung von P_L = 120 W erforderlich.

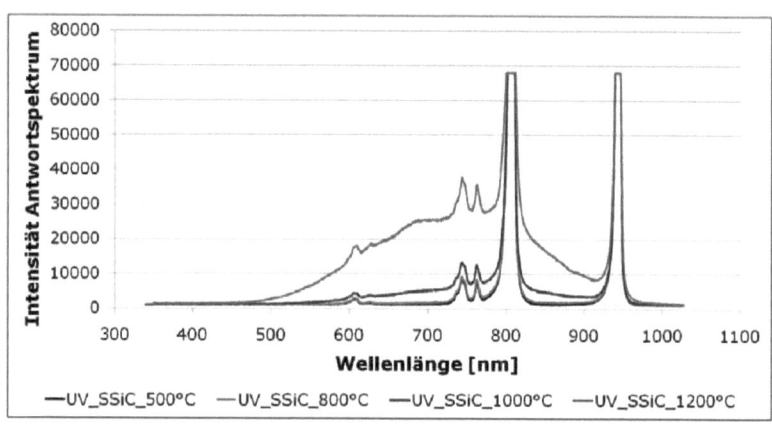

Abbildung 65 Antwortspektren von SSiC bei unterschiedlichen Temperaturen

Der Verlauf der Graphen zeigt deutlich, dass sich die Peaks bei λ = 600 nm und 750 nm mit steigender Temperatur ausprägen. Da sich der Probekörper erwärmt, steigt auch die Intensität der Wärmestrahlung des SSiC-Probekörpers mit höher werdender Temperatur (Vergleich blauer und roter Graph). Die Ausprägung der Peaks bei den jeweiligen Wellenlängen in Abhängigkeit von der Temperatur könnte bei der Prozesssteuerung genutzt werden. Eine online-Messung kann über die gesamte Zeit des Laserfügeprozesses die Spektren aufzeichnen, gekoppelt mit der Lasersteuerung wäre es möglich bei Erreichen einer bestimmten Peakhöhe das Lasersystem auszuschalten.

4.3. Ergebnisse der Fügeversuche

4.3.1. Mechanische Festigkeit

Nach Abschluss der Laserarbeiten zum Fügen der Biegestäbchen sind die gefertigten Verbindungen hinsichtlich ihrer mechanischen Festigkeit getestet worden.

Festigkeit der LPSSiC-LPSSiC-Verbindungen

Die Verbindungen des LPSSiC wurden mit dem Basislot und mit dem elektrisch leitfähigen Lot auf ihre Biegefestigkeit getestet. Bei ungefügten Proben gleicher Abmessungen dieser LPSSiC-Keramik sind Festigkeitswerte von ca. 300 MPa ermittelt worden. In der Tabelle 36 sind die

Weibull-Parameter (m und σ_0) sowie der jeweilige Minimal- bzw. Maximalwert der untersuchten Proben zusammengefasst. Das Additiv $MoSi_2$ ist durch Trockemmischen mit dem Basislot vermengt worden. Es ist deutlich erkennbar, dass die Zugabe der elektrisch leitfähigen Partikel signifikante Änderungen der Festigkeitsverteilung verursacht.

Tabelle 36 Auswertung der Weibull-Verteilung der LPSSiC-Verbindungen

Bezeichnung		LPSSiC-LPSSiC YSiAl_1 ohne $MoSi_2$	LPSSiC-LPSSiC YSiAl_1 mit $MoSi_2$
Weibull-Modul	m	8,6	4,0
mittlere Festigkeit [MPa]	σ_0	163	195
Minimalwert [MPa]	σ_{min}	118	96
Maximalwert [MPa]	σ_{max}	203	256

Die Ergebnisse werden anhand der Weibull-Verteilungsfunktion (Abbildung 66) und der linearen Regression der logarithmierten Weibull-Verteilung (Abbildung 67) ausgewertet und diskutiert.

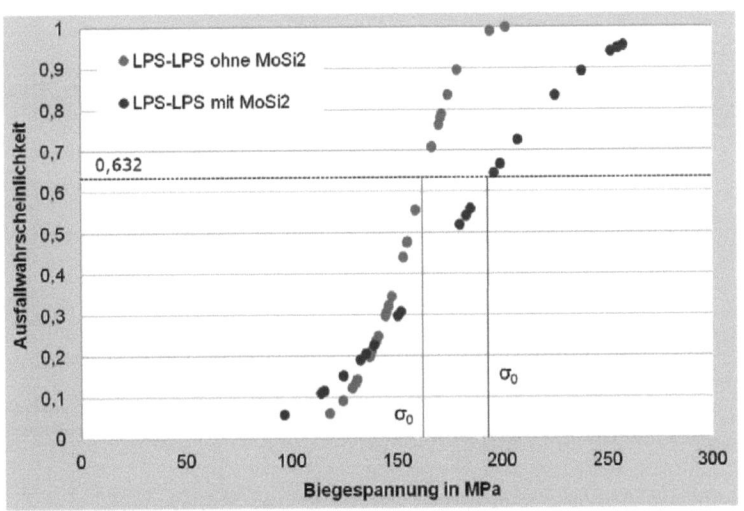

Abbildung 66 Weibull-Verteilungsfunktion der Bruchspannungen von LPSSiC

Die Weibull-Verteilungsfunktion zeigt die Ausfallwahrscheinlichkeit der untersuchten Proben für die unterschiedlichen Biegespannungen. Die

Ausfallwahrscheinlichkeit von 63,2 % wird für die mit dem Basislot gefügten Proben bei einer Biegespannung von 163 MPa erreicht, die mit elektrisch leitfähigem Lot gefügten Proben versagen mit einer Wahrscheinlichkeit von 63,2 % bei Biegespannungen um 195 MPa. Die mittlere Festigkeit liegt bei den Proben mit den Additiven im Lot unerwartet höher als die Festigkeiten der Proben ohne den elektrisch leitfähigen Zusatz. Ausgehend von der Festigkeit des ungefügten Materials konnten Werte von 54 % (elektrisch leitfähiges Lot) bzw. 65 % (Basislot) der Ausgangsfestigkeit erreicht werden. Wie zuverlässig diese Werte sind, kann anhand des Anstieges der Kurve abgelesen werden. Es ist erkennbar, dass die Verteilung der LPS-LPS-Verbindungen ohne $MoSi_2$ (helle Marker) einen steileren Anstieg hat, als die Verteilung der Proben mit dem elektrisch leitfähigen Lot (dunkle Marker). Dieser Anstieg entspricht dem Weibullmodul, also dem Maß der Streuung der gemessenen Festigkeitswerte. Die lineare Regression (Abbildung 67) zeigt diesen Sachverhalt deutlicher.

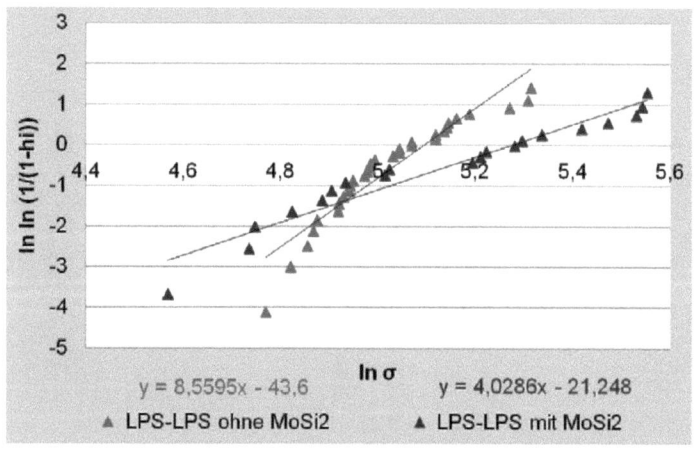

Abbildung 67 Lineare Regression der LPSSiC-Verbindungen

Mit Hilfe von Ausgleichsgeraden konnte in der Abbildung 67 der Anstieg m der Verteilungsfunktion ermittelt werden. Das Weibull-Modul der Verbindungen mit dem Basislot beträgt m = 8,6 und ist somit mehr als doppelt so groß wie der der Verbindungen mit dem elektrisch leitfähigen Lot (m = 4,0). Dies lässt sich auch an der Konzentration der Festigkeitswerte (helle Marker) um den Schnittpunkt der Ordinate mit der Abszisse (σ_0) ablesen. Die Werte der Verbindungen mit dem $MoSi_2$ liegen in diesem Bereich nicht so dicht zusammen. Allgemein ist die Streuung der einzelnen Festigkeitswerte bei dem LPS-LPS-Proben mit $MoSi_2$ sehr viel größer, als bei den Proben ohne den elektrisch leitfähigen Zusatz, was auch an den Minimal- und Maximalwerten abgelesen werden kann. Eine mögliche Ursache für die großen Abweichungen der Bruchspannungen kann die ungenügende Homogenisierung des Lotgemisches sein. Zur Streuung der Werte trägt auch das Verfahren des Laserfügens an sich bei, da die Biegestäbchen nicht immer ohne Versatz zusammen gefügt werden können. Teilweise treten bei den gefügten Proben Versätze bis zu 1 mm auf, die bei der Berechnung der Bruchspannungen nicht berücksichtigt wurden, aber einen entscheidenden Einfluss haben. Wird die mittlere Festigkeit der beiden Chargen verglichen, so kann festgestellt werden, dass die Proben mit dem elektrisch leitfähigen Zusatz eine höhere Festigkeit aufweisen. Die Bruchspannung konnte im Mittel um ca. 30 MPa und der Maximalwert um ca. 50 MPa gesteigert werden. Die Erhöhung der Einzelfestigkeitswerte dieser Proben kann durch die Einbringung der $MoSi_2$-Partikel erklärt werden. Diese duktile Phase bewirkt einen sogenannten Rissbrückeneffekt. Ein Riss, der so ein Partikel durchläuft, muss beim Aufreißen der Partikel zusätzliche Energie für deren plastische Verformung aufbringen. Dieses Phänomen wurde auch Arbeiten zum Fügen von Metall und Keramik von [BAR, 97], [BLU, 07] und [SIM, 08] nachgewiesen. Auch wenn insgesamt mit den Additiven im Lot höhere Festigkeiten erzielt werden können, so ist die Zuverlässigkeit der Fügeverbindungen mit $MoSi_2$ signifikant geringer.

Festigkeit der SSiC-SSiC-Verbindungen

Die Verbindungen der SSiC-Proben wurden ebenfalls mit und ohne elektrisch leitfähigem Lot hergestellt. Hier muss das Lot mit den elektrisch leitfähigen Eigenschaften in zwei Chargen eingeteilt werden, da das Zumischen der $MoSi_2$-Partikel unterschiedlich erfolgte (s. Kapitel 4.2.). Bei einer Charge sind die Additive durch Trockenmischen in das Lot eingebracht, das andere Gemisch ist durch das Nassmischen im Ultraschallbad homogenisiert worden. Die jeweiligen Mischungen sind mit den Abkürzungen _T für Trockenmischen und _N für Nassmischen gekennzeichnet. Die Festigkeit des ungefügten SSiC-Materials liegt im Bereich von ca. 300 MPa, vergleichbar mit den Werten der ungefügten LPSSiC-Proben. Die Tabelle 37 zeigt die Weibull-Parameter sowie die Minimal- und Maximalwerte der gemessenen Biegebruchspannungen der SSiC-Proben. Auch bei diesen Proben ist ein signifikanter Unterschied des Weibull-Moduls der Verbindungen mit dem Lot ohne $MoSi_2$ und dem trockengemischten Lot, im Vergleich zu den LPSSiC-Proben, zu erkennen. Auffällig ist, dass die mittleren Festigkeiten annähernd gleich groß sind. Deutliche Unterschiede zeigen die Verbindungen der SSiC-Proben mit dem nassgemischten Lot. Sowohl das Weibull-Modul, als auch die mittlere Festigkeit ist deutlich größer. Die Unterschiede der Weibull-Verteilungsfunktionen der einzelnen Chargen sind in der Abbildung 68 grafisch dargestellt.

Tabelle 37 Auswertung der Weibull-Verteilung der SSiC-Verbindungen

Bezeichnung		SSiC-SSiC YSiAl_1 ohne $MoSi_2$	SSiC-SSiC YSiAl_1 mit $MoSi_2$_T	SSiC-SSiC YSiAl_1 mit $MoSi_2$_N
Weibull-Modul	m	5,6	3,4	7,4
mittlere Festigkeit [MPa]	σ_0	122	121	167
Minimalwert [MPa]	σ_{min}	65	52	100
Maximalwert [MPa]	σ_{max}	150	183	187

Anhand der Verteilungsfunktionen ist die deutliche Verbesserung der mechanischen Eigenschaften der SSiC-Verbindung mit dem nassgemischten Lot erkennbar. Der Schnittpunkt der Kurve mit der Abszisse liegt bei 167 MPa, für die anderen beiden Kurven wurde eine mittlere Festigkeit von rund 120 MPa ermittelt.

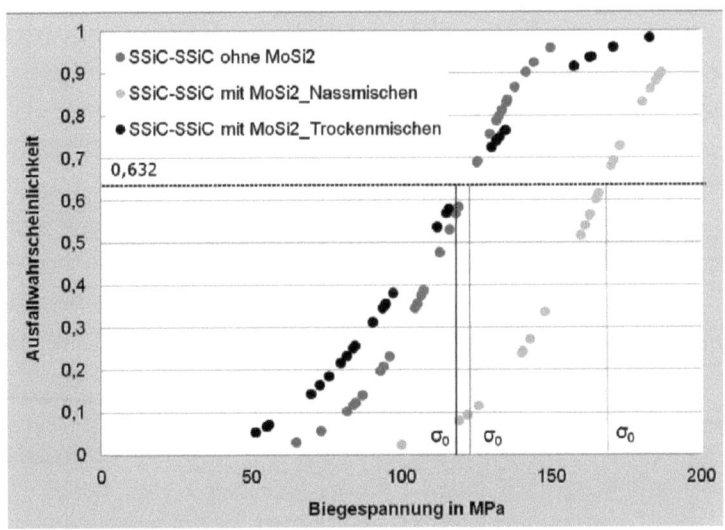

Abbildung 68 Weibull-Verteilungsfunktion der Bruchspannungen von SSiC

Der Anstieg der Verteilungsfunktion wird auch für diese Proben anhand der linearen Regression vereinfacht dargestellt. Der Anstieg m (= Weibullmodull) ist durch die ermittelten linearen Funktionen im Diagramm ersichtlich. Mit einem Wert von m = 3,4 ist die Streuung der Bruchspannungen der Proben mit dem trockengemischten elektrisch leitfähigen Lot am größten. Die geringste Streuung zeigt die Charge der nassgemischten elektrisch leitfähigen Verbindungen mit einem Weibull-Wert von m = 7,4.

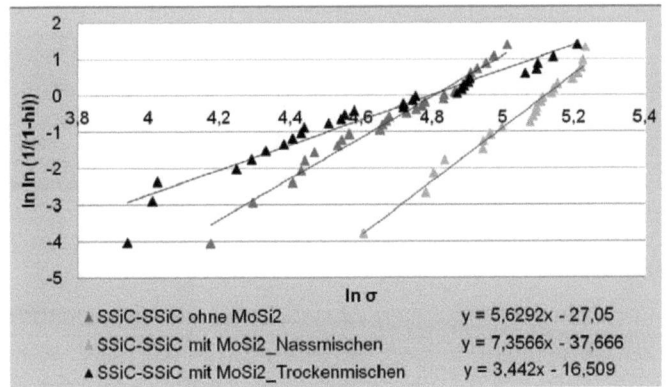

Abbildung 69 Lineare Regression der SSiC-Verbindungen

Die homogene Verteilung der $MoSi_2$-Partikel im Grundlot hat einen positiven Einfluss auf die Bruchfestigkeit, weil sich die feineren elektrisch leitfähigen Additive in den Hohlräumen zwischen den Glaspartikeln anlagern und damit das Gemisch verdichten. Wie bei den LPSSiC-Proben konnte ein Anstieg der mittleren Festigkeitswerte bei dem Lot mit Additiv festgestellt werden. Ausnahme ist bei den SSiC-Verbindungen die Charge des trockengemischten Lotes. Durch das Trockenmischen liegen Konglomerate im Glaslot vor, die sich negativ auf die Biegefestigkeit der Proben auswirken, da durch eine inselartige Anreicherung der Additive die Homogenität und damit auch die Haftfestigkeit zwischen den Glaslot- und $MoSi_2$-Partikeln nicht gegeben ist. Ein Gemisch ohne Konglomerate hat zudem eine größere Oberfläche, die den Glasschmelzprozess begünstigt. Durch den schnellen Laserfügeprozess ist es notwendig die Glaspartikel möglichst gleichmäßig in der kurzen Zeit aufzuschmelzen, damit eine Verbindung mit dem keramischen Grundmaterial hergestellt werden kann. Die Begutachtung der Bruchflächen der untersuchten Proben ergibt, dass sich ein Großteil (ca. 95 %) der Brüche unmittelbar in der Fügezone befindet. Bei nur 6 % aller SSiC-Proben ist die Verbindung genau in der Lotschicht gebrochen. Das linke Bild der Abbildung 70 zeigt einen solchen Bruch. In den Randbereichen des Probequerschnittes sind Rückstände der SSiC-Keramik sichtbar. In der Mitte befindet sich das Glaslot. Im Vergleich dazu ist in dem rechten Bild der unteren Abbildung ein Bruch in der Keramik dargestellt.

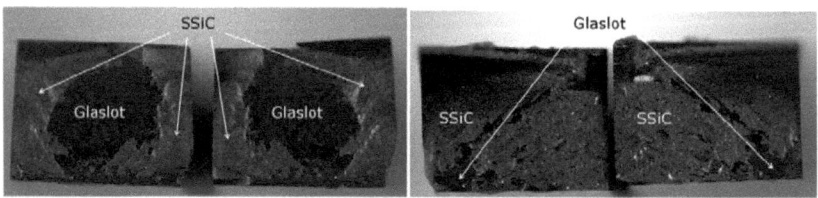

Abbildung 70 Bruchflächen der SSiC-Biegestäbe

Festigkeit der SSiC-Komposit-Verbindungen

Für die Verbindungen zwischen dem SiC- und dem Kompositmaterial wurden die Bruchspannungen ebenfalls ermittelt. Die Kombination LPSSiC und Komposit konnte in der Auswertung nicht betrachtet werden, da diese Proben eine andere Nahtgeometrie haben und damit hinsichtlich der Festigkeitswerte nicht vergleichbar mit den anderen Proben sind. Die SSiC-Komposit-Verbindungen wurden mit dem nassgemischten Lot gefügt. Die Ergebnisse für die Paarungen SSiC und Komposit sind in der Tabelle 38 zusammengefasst. Es ist erkennbar, dass die Festigkeiten dieser Verbindungen deutlich unter denen der reinen LPSSiC- und SSiC-Paarungen liegen.

Tabelle 38 Auswertung der Weibull-Verteilung der SiC-Komposit-Verbindungen

Bezeichnung		LPSSiC-Komposit YSiAl_1 mit MoSi$_2$	SSiC-Komposit YSiAl_1 mit MoSi$_2$
Weibull-Modul	m	-	5,4
mittlere Festigkeit [MPa]	σ_0	-	93
Minimalwert [MPa]	σ_{min}	-	54
Maximalwert [MPa]	σ_{max}	-	139

Die mittlere Festigkeit der Verbindungen mit dem Kompositwerkstoff beträgt 93 MPa. Betrachtet man den Minimal- und den Maximalwert der untersuchten Proben, so kann auf eine große Streuung der Festigkeitswerte geschlossen werden. In der Abbildung 71 ist die lineare Regression der Weibull-Verteilung dargestellt. Der Anstieg der Geraden kann wieder dem Weibull-Modul m gleichgesetzt werden und ergibt m = 5,5. Obwohl sich sehr viele Werte in der Nähe des Schnittes der Geraden mit der Abszisse befinden, verringern einige Ausreißer diesen Streuwert der Charge erheblich.

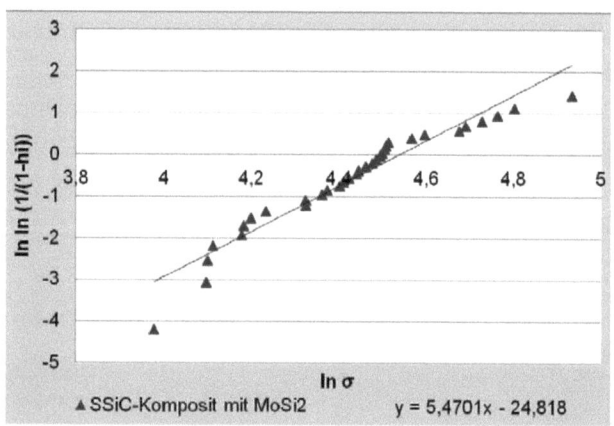

Abbildung 71 Lineare Regression der SSiC-Komposit Verbindungen

Die Ursache der geringeren Festigkeiten kann an den unterschiedlichen gefügten Werkstoffpaarungen liegen. Das Glaslot ist auf reine SiC-Paarungen abgestimmt. Der Kompositwerkstoff besteht aber neben dem SiC-Anteil auch aus Si_3N_4 und $MoSi_2$. Schon unterschiedliches Erwärmungsverhalten aufgrund verschiedener Temperatur- und Wärmeleitfähigkeiten lässt eine optimale Anbindung des Lotes an die beiden Werkstoffe nicht zu. Es können sich im Bereich der Fügezone Spannungen aufbauen, die bei den reinen SiC-Verbindungen aufgrund ihrer Kontinuität nicht auftreten. Auffällig ist, dass die Bruchstellen ausschließlich im SSiC zu finden sind. Nur sehr wenige Proben (ca. 1 %) haben direkt in der Lotschicht versagt. Da die mechanische Belastung in diesen Bereichen des Heizleiters jedoch in dem konkreten Anwendungsfall gering ist, können die Festigkeitswerte als ausreichend hoch eingestuft werden.

Die Ergebnisse der Festigkeitsuntersuchungen haben gezeigt, dass die Einbringung der duktilen Phase ($MoSi_2$) in das Grundlot die Festigkeit steigert. Einen weiteren positiven Einfluss auf die Festigkeitswerte hat die Mischgüte des Lotes. Werden die elektrisch leitfähigen Partikel homogen in dem Basislot verteilt, so kann eine weitere Festigkeitssteigerung erzielt werden. Die Streuung der Werte nimmt allerdings zu. Die Bruchflächen der Biegestäbe zeigen, dass der Bruch bevorzugt in dem SiC-Material stattfindet. Dies deutet darauf hin, dass das Lot die Fügeflächen rundum sehr gut benetzt und die Lotschicht nicht unbedingt die

Schwachstelle der Verbindung sein muss. Die Differenzen zu den Ausgangsfestigkeiten des Materials können durch Spannungen in der Fügezone verursacht werden, denn die technischen Ausdehnungskoeffizienten des Lotes und der Fügepartner stimmen nicht genau überein. Die auftretenden Spannungen in der Fügezone können durch eine verbesserte Anpassung der Lotausdehnung verringert werden, was die Festigkeit der Verbindungen steigern würde. Der Unterschied der mittleren Festigkeitswerte von ca. 30 MPa zwischen den LPSSiC- und SSiC-Verbindungen kann durch die unterschiedlichen Sinteradditive der Keramiken erklärt werde. Wie in Kapitel 4.3. geschrieben, besteht das Grundlot aus der gleichen Zusammensetzung wie die Sinteradditive des verwendeten LPSSiC. Die chemische Anbindung des Lotes an die Keramik ist so bei dem LPSSiC signifikant besser, als bei dem SSiC, was sich anhand der mechanischen Festigkeiten widerspiegelt. Wird für die SSiC Proben ein Lot mit der gleichen Zusammensetzung der Bindephase des Werkstoffes hergestellt, so sind ähnliche Ergebnisse zu erwarten.

Prinzipiell kann anhand der Festigkeitswerte bei beiden SiC-Typen von einer mechanisch erfolgreichen Fügung ausgegangen werden.

4.3.2. Spezifischer elektrischer Widerstand

Widerstandsmessungen bei Raumtemperatur

In Tabelle 39 ist ein Auszug der ermittelten Daten für den spezifischen elektrischen Widerstand bei Raumtemperatur angegeben. Bei dem LPSSiC konnte durch die Einbringung der oxidischen Additive und der gewählten Sinterparameter (s. Kapitel 3.1.1.) der spezifische Widerstand so modifiziert werden, dass sich dieser um ca. vier Größenordnungen auf 17 Ωcm verringerte. Die Vorgabe von maximal 20 Ωcm bei Raumtemperatur, um den Werkstoff als Heizleiter verwenden zu können, wurde damit erreicht. Der SSiC-Werkstoff hat bei Raumtemperatur mit 5,5 Ωcm einen geringeren Widerstand und empfiehlt sich dadurch als Ausgangsmaterial für die großen Probekörper. Aufgrund seiner Funktion hat der Kompositwerkstoff erwartungsgemäß einen sehr geringen spezifischen Widerstand von nur $2,5 \cdot 10^{-4}$ Ωcm. Wie sich die spezifischen Widerstände in den Verbindungen durch das Laserlöten auswirken ist nach den Fügearbeiten untersucht worden. Die Werte für LPSSiC-Verbindungen liegen generell über denen von den SSiC-Verbindungen.

Tabelle 39 Spezifischer Widerstand der gefügten Proben bei Raumtemperatur

Verbindung	Mittelwert [Ωcm]	Standard-abweichung
LPSSiC_kommerziell	42.000	k. A.[32]
LPSSiC_modifiziert	16,6	k. A.
SSiC_ungefügt	5,5	k. A.
Komposit_ungefügt	$2,5 \cdot 10^{-4}$	k. A.
LPS-LPS_gesteckt	12.178	8.151
LPS-LPS_plan	906	275
SSiC-SSiC_ohne MoSi$_2$	180	134
SSiC-SSiC_trockengemischt	56	30
SSiC-SSiC_nassgemischt	16	1,5
SSiC-SSiC_Röhrchen	37	18
SSiC-Komposit_trockengemischt	25	31
SSiC-Komposit_nassgemischt	15	2,7

Es können signifikante Unterschiede auch innerhalb der Keramikverbindungen eines Types festgestellt werden. So sind die spezifischen Widerstände der gesteckten LPSSiC-Verbindungen sehr viel höher als die der planen Verbindungen. Die Ursache liegt in der Passgenauigkeit der zu fügenden Proben. Teilweise sind die Toleranzen der Nahtgeometrien so groß gewählt, dass die Fügezonen nicht vollständig mit Glaslot gefüllt sein können. Der damit verbundene Lufteinschluss vergrößert den Widerstand maßgeblich. Bei den planen LPSSiC-Verbindungen besteht das Problem des Lufteinschlusses nicht, die Werte des spezifischen Widerstandes sind demzufolge mit 906 Ωcm deutlich geringer. Auch die SSiC-Proben zeigen je nach Verwendung von Lotvariationen signifikante Unterschiede in den Werten der spezifischen Widerstände. Den höchsten Widerstand zeigen die Proben, die ohne den

---

[32] Zu den Standardabweichungen dieser gemessenen Widerstände gibt es keine Angaben.

elektrisch leitfähigen Zusatz gefügt wurden. Da das Lot ausschließlich aus ionischen Ladungsträgern besteht, und diese eine wesentlich niedrigere elektrische Leitfähigkeit aufweisen als Ladungsträger mit Elektronenleitung, haben auch die Verbindungen einen höheren Widerstand über die Fügezone. Bei den Verbindungen mit den elektrisch leitfähigen $MoSi_2$-Partikeln sinkt der spezifische Widerstand erwartungsgemäß von 180 Ωcm auf ungefähr ein Drittel (56 Ωcm). Das Lot wurde mit dem Trockenmischverfahren hergestellt, bei dem die Additive nicht homogen im Glaslot verteilt sind. Die Standardabweichung der Messwerte für diese Charge ist mit 30 relativ hoch. Anders verhalten sich die Verbindungen der SSiC-Proben mit dem nassgemischten Glaslot. Die berechneten spezifischen Widerstände betragen bei dieser Probencharge nur 16 Ωcm. Die geringen Standardabweichungen von 1,5 deuten auf eine reproduzierbare Messreihe hin. Das Lot benetzt beide Fügeflächen sehr gut und die elektrisch leitfähigen Additive sind so gleichmäßig im Lot verteilt, dass eine gute elektrische Leitfähigkeit in der Fügeverbindung hergestellt werden konnte. Ähnlich verhalten sich die Proben der SSiC-Komposit-Verbindungen. Die Fügenähte mit dem trockengemischten Lot haben einen höheren spezifischen Widerstand, als die Proben mit dem nassgemischten Lot. Die soll die Ergebnisse der Widerstandmessungen zusammenfassend darstellen. Die spezifischen elektrischen Widerstände sind über die jeweilgen Verbindungstypen dargestellt. Da die Widerstandwerte über mehrere Größenordnungen reichen, wurde der spezifische elektrische Widerstand im logarithmischen Maßstab auf der Ordinate aufgetragen.

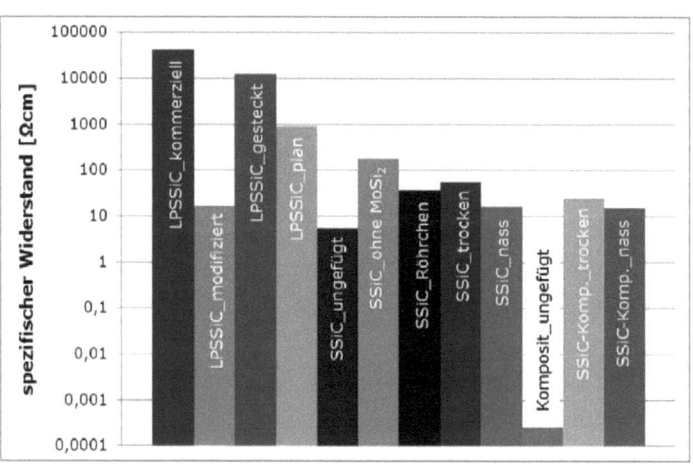

Abbildung 72 Spezifische Widerstände bei Raumtemperatur

Zusammenfassend kann gesagt werden, dass ein hinreichend guter elektrischer Kontakt zwischen den Verbindungen besteht, wobei die Lote mit dem elektrisch leitfähigen Zusatz erwartungsgemäß einen geringeren Übergangswiderstand an der Kontaktfläche aufweisen. Die spezifschen elektrischen Widerstände der Proben mit leitfähigen Partikeln liegen im Bereich des ungefügten Werkstoffes, d. h. des Ausgangsmaterials. Das LPSSiC zeigt generell höhere Widerstandwerte und größere Streuungen, verglichen mit dem SSiC, so dass der Einfluss des Glaslotes für diesen Werkstoff vernachlässigt werden kann.

Es kann konstatiert werden, dass die Mischgüte einen signifikanten Einfluss auf den spezifischen Widerstand hat. Betrachtet man die Standardabweichungen, so wird festgestellt, dass die SSiC-Proben eine geringere Streuung der Widerstände aufweisen. Daher fiel die Entscheidung die großformatigen Bauteile für die Prototypenfertigung aus SSiC herzustellen. Für die weiteren Arbeiten wird das Lot verwendet, welches mit dem Nassmischverfahren homogenisiert wurde.

Widerstandmessungen nach Hochtemperaturbelastung der Proben

Zur Ermittlung der Langzeitstabilität der elektrisch leitfähigen Fügeverbindungen sind Versuche unter oxidierenden Bedingungen (Luft) durchgeführt worden. Getestet wurden Verbindungen von SSiC mit Komposit und reine Komposit-Verbindungen. Den Proben in Form von Biegestäbchen sind 5, 10 und 25 vol-% $MoSi_2$ beigemischt. Anschließend wurden die gefügten Biegestäbchen unter oxidischer Atmosphäre zyklisch einer Temperatur von 1000 °C für 48 h ausgesetzt. Die Aufheizrate der Testkörper betrug 5 K/min. Der Aufheizvorgang, die Halte- und Abkühlzeit entspricht dabei einem Zyklus. Nach jedem Zyklus wurde zur Charakterisierung der Degradation der Kontaktstelle der elektrische Widerstand gemessen. Zu beachten war, dass die sich ausgebildete Oxidschicht auf der Probenoberfläche abgeschliffen werden musste. Nach dem neunten Zyklus wurden weitere 10 Zyklen bis zur nächsten Widerstandsmessung gefahren.

Als Referenzproben dienten zur Untersuchung Biegestäbe ohne elektrisch leitfähigen Zusatz im Basislot. Es konnte nur der Ausgangswert der Proben angegeben werden, da diese nach Entnahme aus dem Ofen zerbrachen bzw. einen Anstieg des Widerstandes um eine Größenordnung aufwiesen. Die Abbildung 73 zeigt die ermittelten elektrischen Widerstände der SSiC-Komposit-Verbindungen nach mehreren Zyklen. Es ist erkennbar, dass die Ausgangswiderstände der Proben mit den unterschiedlichen Gehalten an elektrisch leitfähigen Additiven nahezu identisch sind. Signifikant höher ist der Widerstand der Probe ohne $MoSi_2$. Nach den ersten 96 h steigt der Widerstand bei allen Proben circa um den Faktor 3 an. Die Widerstände der Chargen mit den unterschiedlichen $MoSi_2$-Gehalten zeigen geringfügig unterschiedliche Werte. Auffällig ist, dass die Charge mit dem geringsten $MoSi_2$-Anteil über die gesamten Zyklen einen niedrigeren Widerstand aufweist, als die Proben mit dem mittleren $MoSi_2$-Gehalt von 10 vol-%. Die Charge der Proben mit dem höchsten Anteil an den elektrisch leitfähigen Additiven hat erwartungsgemäß den geringsten elektrischen Widerstand.

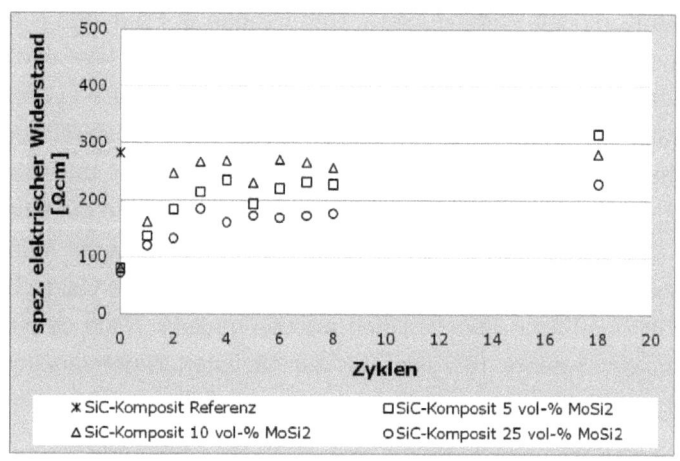

Abbildung 73 Widerstandmessung von SSiC-Komposit-Verbindungen

Nach 192 h (ab dem 4. Zyklus) können kaum Änderungen der Widerstandswerte festgestellt werden. Die Werte liegen alle im Rahmen der Messfehler der Widerstandsmessung. Ein höherer Widerstand ist bei dem Proben nach einer Belastungszeit von 864 h gemessen worden. Es ist möglich, dass die Präparation der Probenoberfläche zum Messen des Widerstandes fehlerhaft war und nicht die gesamte SiO_2-Schicht entfernt wurde.

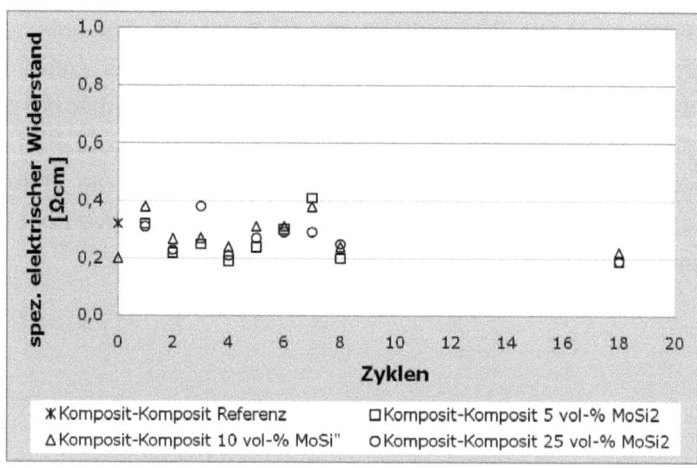

Abbildung 74 Widerstandsmessungen von Komposit-Komposit-Verbindungen

Die Abbildung 74 zeigt die gemessenen Widerstandswerte der Komposit-Komposit-Verbindungen nach unterschiedlicher Belastungsdauer. Es ist erkennbar, dass im Rahmen der Messfehler keine Degradation feststellbar ist. Kennzeichend ist der Unterschied des Absolutwertes des Widerstandes zwischen den Verbindungen SSiC-Komposit und den reinen Kompositverbindungen. Die Ursache ist der Widerstandswert des SSiC-Materials. Bei der Messung muss der Abstand zwischen Fügenaht und Messkontakt berücksichtigt werden, während der Widerstandswert des Komposit-Materials dem Auslösungsvermögen des Messgerätes genähert werden kann. Dieser Widerstand ist wesentlich kleiner als der der Fügenaht und kann daher als abstandsunabhängig angenommen werden. Nach 864 h zyklischer Beanspruchung sinkt der elektrische Widerstand der Proben geringfügig auf circa 0,2 Ωcm. Es ist kaum ein Unterschied zwischen den Proben mit unterschiedlichen Anteilen an $MoSi_2$ erkennbar.

Zusammenfassend ist festzustellen, dass die elektrische Leitfähigkeit der Proben durch die Hochtemperaturbeanspruchung unter oxidischer Atmosphäre kaum beeinflusst wird.

4.3.3. Verbindungen aus mindestens drei Segmenten

Zur Herstellung von komplexen Bauteilen ist es notwendig, mehr als zwei Komponenten miteinander verbinden zu können. Die besondere Herausforderung besteht darin, das Anfügen eines dritten Bauteils zu realisieren, ohne die Verbindung der ersten beiden Komponenten wieder aufzuschmelzen. Hier kommt ein entscheidender Vorteil des Laserfügeverfahrens zum Tragen, da die Fügezone nur lokal aufgeheizt wird. Ein Beispiel einer erfolgreichen Verbindung dreier Komponenten ist in der folgenden Abbildung 75 dargestellt.

Abbildung 75 Fügeverbindung aus drei SSiC-Röhrchen

In der Abbildung 75 ist deutlich erkennbar, dass mit dem Scanner gearbeitet wurde. Die bläulichen Ellipsen zeigen die Scan-Figur eines Kreises mit einem Durchmesser von d = 0,1 mm um die Fügezonen. Die Veränderungen an der Keramikoberfläche entstehen durch den hohen Wärmeeintrag an diesen Stellen. Vorversuche zeigten, dass die Laserbearbeitung keine Tiefenschädigungen in den Probekörpern hervorrufen.

Weiterführende Fügeversuche wurden mit größeren Rohrstücken durchgeführt. Die Laserparameter müssen auf die neue Geometrie angepasst werden. Diese wurden in zwei Varianten ausgeführt, als Steckverbindung und als plane Verbindung. Dass eine Steckverbindung aufgrund der Selbstzentrierung für das Fügeverfahren vorzuziehen ist, bestätigte sich in den Versuchen. Die Abbildung 76 zeigt eine Verbindung von zwei Segmenten einer reinen SSiC-Steckverbindung. Es ist erkennbar, dass nicht der gesamte Fügespalt mit Glaslot ausgefüllt ist. Bei der Präparation der Probe ist Glaslot aus der Naht ausgebrochen, denn der vergrößerte Nahtausschnitt zeigt die vollständige Ummantelung der Rohrsegmente mit dem Lot. Anhand von Widerstandsmessungen konnte ein guter elektrischer Kontakt nachgewiesen werden. Der spezifische elektrische Widerstand dieser Proben beträgt im Mittel 36 Ωcm mit einer Standardabweichung von 25. Die planen Verbindungen dieser SSiC-Rohrsegmente wiesen im Mittel einen spezifischen Widerstand von 46 Ωcm und eine Standardabweichung von 27 auf. Die Ermittlung der mechanischen Festigkeit ist aufgrund der Probengeometrie nicht möglich.

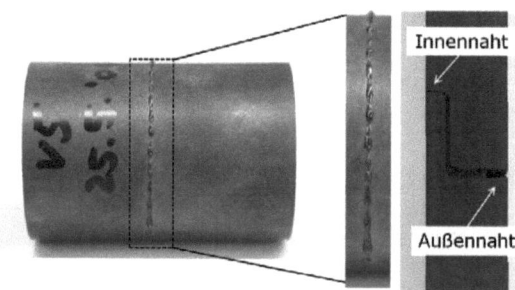

Abbildung 76 SSiC-Steckverbindung mit vergrößertem Nahtausschnitt

Da es notwendig ist, die SSiC-Keramik an den Enden der Heizleiter mit Kompositmaterial zu verbinden sind auch von den größeren Rohrsegmenten Verbindungen der beiden Materialien hergestellt worden. Die Fügenähte dieser Werkstoffverbindungen sind ebenfalls vollständig mit dem leitfähigen Glaslot ummantelt.

Der nächste Schritt war die Fügung zweier SSiC-Komposit-Segmente zu einer Baugruppe, bestehend aus vier Teilsegmenten. Die beiden äußeren Nähte sind bereits gefügt. Die Mittelnaht wird zuletzt verbunden und ist eine reine SSiC-SSiC-Verbindung. Eine derartige gefügte Probe ist in der Abbildung 77 kurz nach dem Laserfügeprozess zu sehen. Auch hier besteht der Anspruch die bereits gefügten Nähte nicht wieder zu lösen.

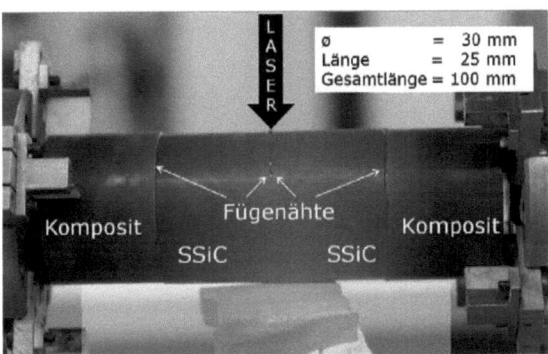

Abbildung 77 Gefügter Testheizleiter mit drei Fügenähten

Die Baugruppe wird durch die Haltevorrichtung unter dem Laserstrahl rotiert, so dass eine gleichmäßige Erwärmung der Fügezone bis auf eine Temperatur von ca. 1450 °C erfolgt. Der elektrische Widerstand der gesamten Verbindung beträgt 26 Ωcm.

4.3.4. Verwendung der großformatigen Bauteile

Das Fügen von Heizelementen für Aluminiumwarmhaltetiegel war bereits Bestandteil der Arbeiten innerhalb des Projekts „Entwicklung von Werkstoffen und Technologien für effiziente Aluminiumschmelztiegel" (SAB-Projektnummer: 11423/1796, Projektlaufzeit: 2006-2008). Für einen Labortiegel (s. Abbildung 78) wurden U-förmige und flache Heizstäbe konzipiert.

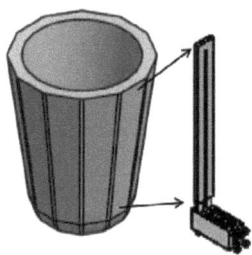

Abbildung 78 Labortiegel zum Test der Heizer-Funktionalität

Der Heizleiter betreibt den Tiegel mit unmittelbarer Berührung des Tiegelwerkstoffs. Der Labortiegel wurde für Tests genutzt, um die Wärmeübertragung vom Heizelement durch die Tiegelwand zu ermitteln. Dieser Energietransport ist das entscheidende Kriterium für die Verbesserung der Gesamtenergiebilanz beim Warmhalteprozess des Aluminiums in einem Gießereibetrieb. Die Ergebnisse der Auslegung der Laboranlage sind in der Tabelle 40 zu finden.

Tabelle 40 Auslegung des Labortiegels

Auslegungsparameter Labortiegel	
Tiegelvolumen [l]	5
Heizleiterquerschnitt [cm²]	0,84
Heizleiterlänge [cm]	40,0
Heizleiterwiderstand [Ω] bei 1000 °C	10
Heizleistung [kW] bei 230 V, bzw. 380 V je Heizstab	5,3 bzw. 14,4
Gesamtheizleistung mit 12 Heizstäben **[kW]**	63,6 bzw. 172,8

In der Abbildung 79 Eingespannte Heizleitersegmente vor dem Fügeprozess ist ein ungefügter LPSSiC-Heizleiter in der Haltevorrichtung eingespannt. Der Laserstrahl trifft senkrecht auf die Probe und rotiert in Form einer Ellipse auf der Keramikoberfläche.

Abbildung 79 Eingespannte Heizleitersegmente vor dem Fügeprozess

Die Variante der rechteckigen Heizelemente hat den Nachteil, dass die Fixierung der Segmente im Nahtbereich nicht genau erfolgen kann. Eine mechanische Belastung im Temperaturbereich > 1000 °C führte zu einer Verformung der Heizelemente in der Fügezone. Die Abbildung 80 zeigt einen rechteckigen, lasergefügten LPSSiC-Heizleiter bei einer elektrisch induzierten thermischen Belastung von circa 1000 °C.

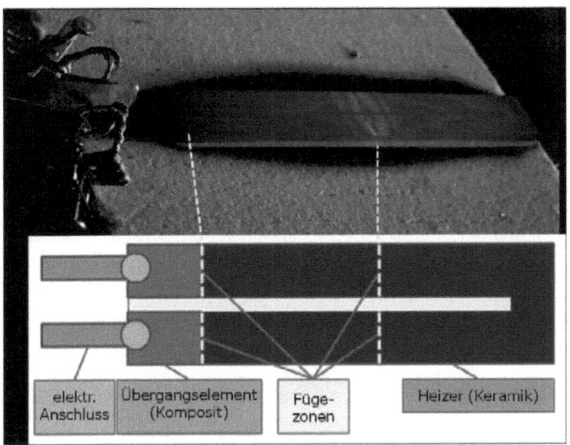

Abbildung 80 Gefügter, vollkeramischer LPSSiC-Heizleiter

Die Eingangsspannung von 230 V wurde während des Aufheizprozesses kontinuierlich zurückgefahren, da der Widerstand der Keramik mit steigender Temperatur von 17,6 Ωcm auf 0,23 Ωcm sinkt. Die elektrische Leistung betrug im Temperaturintervall von 800 bis 1050 °C circa 460 W. Die Temperaturbeständigkeit und die Funktionalität des Heizleiters konnten mit diesem Versuch nachgewiesen werden.

Die Probleme bei der Herstellung der Laborheizelemente erforderten eine komplette Änderung der Konziperung der Geometrien, um funktionssichere Heizelemente zur Verfügung stellen zu können. Herstellungstechnologische und lasertechnische Aspekte verlangten rotationssymmetrische Heizleitersegmente zur Realisierung der Gesamtzielstellung.

Ein Schwerpunkt im Rahmen der Optimierung der Lasertechnologie besteht in der Ermittlung der maximal in das Bauteil einstrahlbaren flächenbezogenen Laserleistung. Ein hoher, flächenspezifischer Energieeintrag führt zu kurzen Prozesszeiten und zu einem lokal begrenzten Temperaturanstieg. Es ist erforderlich die Laserparameter optimal auf die sensiblen Rohrsysteme (s. Tabelle 18) einzustellen.

Im vorliegenden Anwendungsfall konnte der optimale Energieeintrag durch eine Kombination von zwei Laserstrahlen realisiert werden. Dazu wurde das Rohr im Bereich der Fügenaht mit dem rechteckig geformten Laserstrahl (Rechteckprofil: 45x10 mm^2) und einem zweiten, kreisrund geformten Laserstrahl (Durchmesser Bestrahlungszone: 10 mm) bestrahlt (vgl. Abbildung 81). Für den Rechteckstrahl kam eine Laserleistung von 3,5 kW (cw) und für den kreisrunden Laserstrahl eine Leistung von 2 kW (cw) zur Anwendung. Die Form und Verteilung der beiden Laserquellen sind anhand der Pilotlaser-Abbildungen (Einrichtmodus) in der Abbildung 81 zu erkennen. Die Achsen der Rotationsvorrichtung wurden zunächst mit einer Geschwindigkeit von 16 mm/s betrieben, um Beschädigungen an den Keramikrohren zu vermeiden. In weiteren Versuchen stellte sich heraus, dass eine höhere Rotationsgeschwindigkeit von 25 mm/s erreicht werden konnte und die Rohre während der Versuche eine gleichmäßige Temperaturverteilung in der Fügezone aufwiesen.

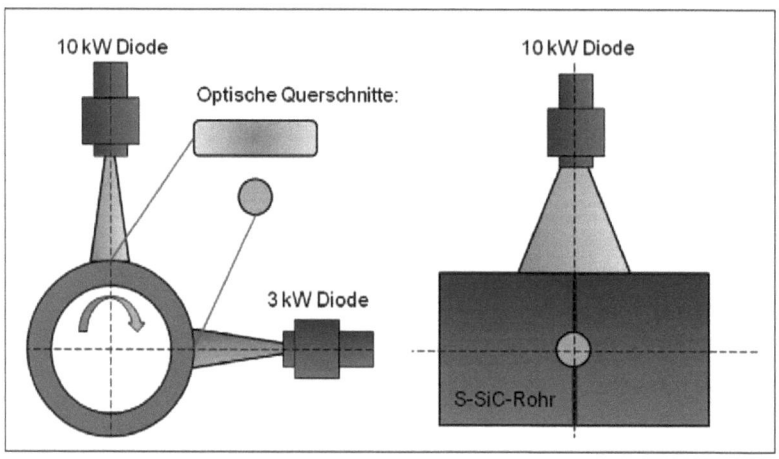

Abbildung 81 Positionierung der beiden Diodenlaser auf den Keramikrohren

Durch die Verwendung der beiden Laser kann ein optimaler Energieeintrag gewährleistet werden, und die Keramik wird ohne Rissbildung bis zur Fließtemperatur des Lotes erwärmt. Die Abbildung 82 zeigt die realisierte Heizrate für die Versuche. Da nur eine begrenzte Anzahl an Bauteilen zur Verfügung stand, wurden die Prozesszeiten in diesem Fall nicht optimiert. Zur Schonung der Bauteile sind lange Prozesszeiten gewählt worden.

Zu Beginn des Versuches ist nur der 10-kW-Diodenlaser eingeschaltet und erwärmt die Keramik langsam. Der 3-kW-Diodenlaser wird zum Ende des Versuches angeschaltet, wenn der 10-kW-Laser eine Leistung von 2500 W erreicht hat. Die Temperatur der Fügezone beträgt zu diesem Zeitpunkt ca. 1250 °C. Die benötigte Energie, um die 1450 °C zum Fließen des Lotes zu erreichen, wird durch den zweiten Diodenlaser eingebracht. Die SSiC–Komposit-Verbindungen wurden ebenfalls mit beiden Lasern erfolgreich hergestellt.

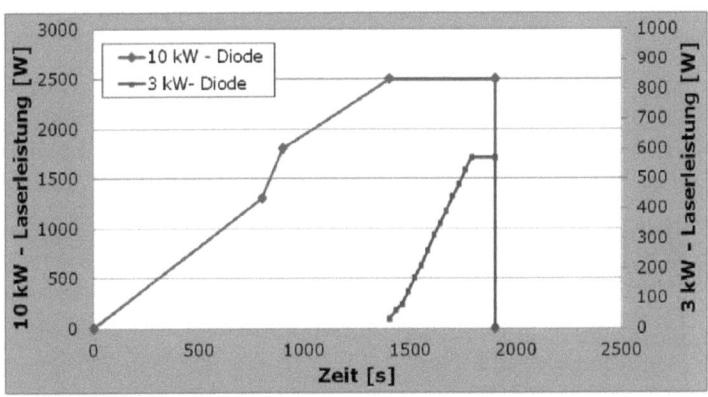

Abbildung 82 Optimierter Energieeintrag zum Fügen der Rohrsysteme

Heizrohre für den Demonstrator „Aluminiumschmelze"

Der Aufbau der Demonstratoranlage entspricht dem der Laboranlage. Die Heizrohre befinden sich im direkten Kontakt mit dem Tiegelwerkstoff. Für ein vollständiges Heizrohr der Demonstratoranlage „Aluminiumschmelze" mussten vier Segmente durch Laserstrahlung verbunden werden. Als Reihenfolge hat sich als günstig erwiesen die SSiC-SSiC-Verbindung in Form der Mittelnaht als erstes zu fügen. Die beiden

Kompositstücke wurden danach als Endstücke an die SSiC-Verbindung angefügt.

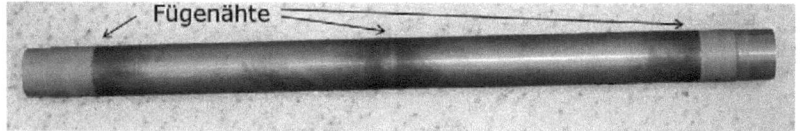

Abbildung 83 Lasergefügter vollkeramischer Heizleiter

Die Abbildung 83 zeigt ein vollständig gefügtes Heizrohr mit dem SSiC als Mittelstück und dem Kompositwerkstoff an beiden Enden. Die Nähte sind im oberen Bild markiert.

Nach Abschluss der Laserarbeiten zum Fügen der Heizleitersegmente wurden die fertigen rohrförmigen Heizelemente auf ihre Funktionsfähigkeit getestet. Die Überprüfung der Heizrohre erfolgte durch Aufheizung der dieser. Etwaige Fehler wie Risse und Inhomogenitäten der Fügenähte resultieren in lokal höheren Widerständen als im restlichen Heizrohr, wodurch an diesen Stellen die elektrische Leistung abfällt und sich das Werkstück lokal stärker aufheizt. Dies wird mittels der Thermokamerabilder sichtbar gemacht. Bei höheren Temperaturen sind diese Stellen durch rotes Glühen auch visuell wahrnehmbar.

An die Heizleiter wurde eine Startspannung von 62 V angelegt und diese langsam erhöht. Bei einer Temperatur von circa 600 °C sank der elektrische Widerstand der Keramik auf 2,3 Ω. Damit floss ein Strom von 29,3 A und es ergibt sich eine elektrische Leistung von circa 1990 W für diesen Heizleiter. Durch den manuell regelbaren Transformator konnten verschiedene Aufheiz- und Abkühlkurven realisiert werden. Die Abbildung 84 zeigt den untersuchten Heizleiter als Thermographiebild bei einer maximalen Temperatur von 716 °C.

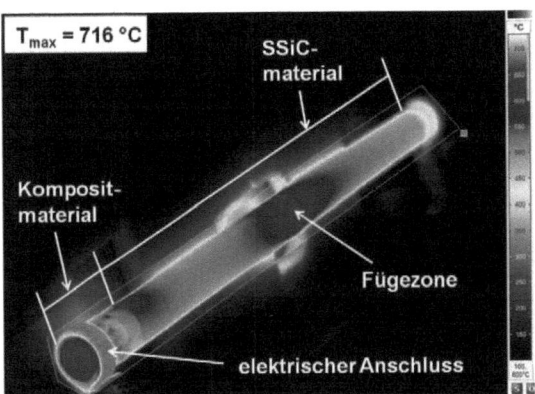

Abbildung 84 Heiztest eines lasergefügten Heizrohres

Die Temperatur an den Endstücken (= Anschlussstücke) ist signifikant niedriger. Dies resultiert aus der deutlich höheren elektrischen und thermischen Leitfähigkeit der Kompositkeramik gegenüber der Keramik des Heizrohres. Die Fügezonen erscheinen im Thermografie-Bild mit einer höheren Temperatur als das Heizrohr. Dies beruht jedoch auf einem, im Vergleich zum nicht laserbehandelten Heizelement, abweichenden Emissionskoeffizienten, der im Thermografie-Bild eine unterschiedliche Temperaturangabe hervorruft. Dieser abweichende Emissionskoeffizient ist ein Oberflächeneffekt, der aus der Laserbearbeitung resultiert (Abbildung 85). Die Laserbestrahlung im Bereich der Fügezone hat die Oxidschutzschicht auf der SiC-Oberfläche verändert, so dass sich der Emissionskoeffizient in diesem Bereich deutlich vom Emissionskoeffizienten der nicht bestrahlten Keramik unterscheidet. Ein Vergleich mit dem innen an der Naht angebrachten Thermoelement zeigt, dass kein signifikanter Temperaturunterschied zwischen Fügezone und gefügtem Material auftritt.

Die Abbildung 85 zeigt ein vollkeramisches Heizrohr mit den beschriebenen Verfärbungseffekten, der zu unterschiedlichen Emissionswerten führt.

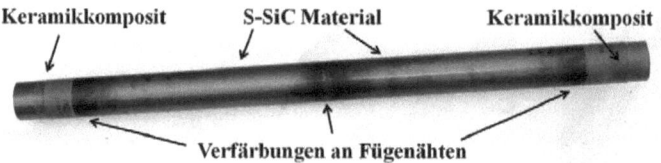

Abbildung 85 Prozessbedingte Verfärbungen an den Heizleitern

Bei einzelnen Rohren konnten Überschläge in den Fügenähten (SSiC – SSiC und SSiC – Komposit) während der Versuche beobachtet werden. In der folgenden Tabelle 41 sind mehrere charakteristische Erscheinungsformen dieser entstehenden Hot Spots fotografisch abgebildet.

Tabelle 41 Unterschiedliche Erscheinungsformen der Hot Spots

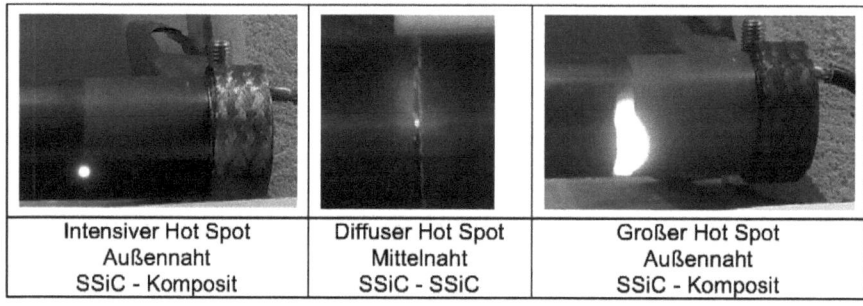

Intensiver Hot Spot Außennaht SSiC - Komposit	Diffuser Hot Spot Mittelnaht SSiC - SSiC	Großer Hot Spot Außennaht SSiC - Komposit

Um auszuschließen, dass diese Heizer bei höheren Temperaturen (T > 300 °C) versagen, sind weitere Untersuchen durchgeführt worden. Das Ziel war es, die Heizrohre bis circa 600 °C aufzuheizen und zu sehen, ob die Überschläge zu- bzw. abnehmen und ob sich die Heizrohre gleichmäßig erwärmen.

Anhand der aufgenommenen Thermokamerabilder war ermittelbar, dass sich örtlich Temperaturmaxima über die Rohrlänge ausbilden. Zur Auswertung dieser Bilder sind Hilfslinien (sogenannte Region Of Interest, kurz ROIs) gezogen und Profildiagramme erstellt worden. In der Abbildung 86 sind zwei der Linien eingezeichnet. Dabei durchläuft eine Linie die entstehenden ‚Hot Spots' entlang des Rohres, die andere Linie zeigt die gleichmäßige Erwärmung des Heizers.

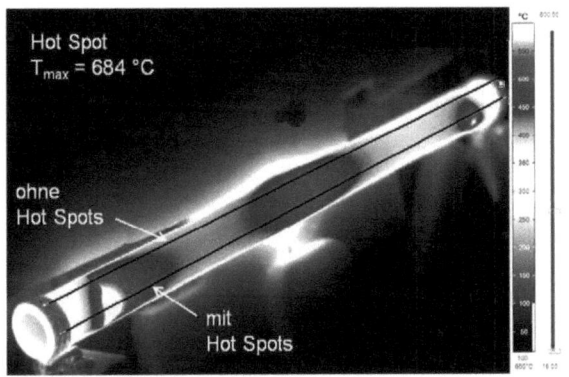

Abbildung 86 Positionen der Linien zur Bestimmung der Temperatur-Profildiagramme

In dem folgenden Diagramm (Abbildung 87) ist die Temperaturdifferenz (= Temperaturlinie mit Hot Spot – Temperaturlinie ohne Hot Spot) über die Rohrlänge bei einer Maximaltemperatur von 400 °C aufgetragen. Dabei wird deutlich, dass im Bereich der Hot Spots ein signifikanter Temperaturanstieg erfolgt.

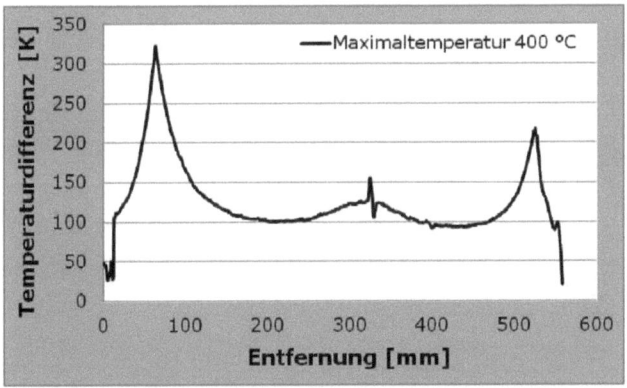

Abbildung 87 Temperaturdifferenz zwischen Linescan mit und ohne Hot Spot

Die Ursache der Entstehung dieser Hot Spots konnte im Rahmen der Arbeit nicht hinreichend geklärt werden. Optisch ist im kalten Zustand der Heizleiter keine Inhomogenität in den Nähten bzw. im Basismaterial zu erkennen. Auch der Zusammenhang mit den im Vorfeld auftretenden Überschlägen konnte nicht hinreichend erklärt werden.

Heizrohre für den Demonstrator „Beschichtungsanlage"

Das Konzept des Demonstrators „Beschichtungsanlage" sieht ein Verdampferrohr vor, bei dem die Orientierung der Verdampferaustrittsöffnungen frei wählbar ist. Die folgende Abbildung 88 zeigt den schematischen Aufbau der Demonstrationsanlage.

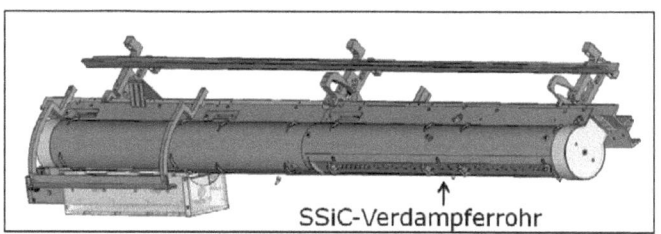

Abbildung 88 SSiC-Verdampferrohr in Demonstrationsanlage

Der Heizleiter für die Beschichtungsanlage wurde aus zwei Rohrsegmenten der SSiC-Keramik hergestellt. Für diese Verbindung war das Anfügen des Kompositwerkstoffes aufgrund einer anderen Kontaktierungsmöglichkeit nicht notwendig. Diese Rohrvariante benötigt Verdampferaustrittsöffnungen, die sich auch in unmittelbarer Nähe der Fügezone befinden. Die Orientierung beider Rohrsegmente muss für die spätere Anwendung exakt übereinstimmen. Die Rohrsegmente erfahren durch das Bohren der Öffnungen bereits vor dem Fügeprozess eine mechanische Belastung. Dadurch können Spannungen in die Bauteile eingebracht werden. Die dünne Wandung von 4,5 mm verstärkt die Neigung zur Rissbildung und zum Bruch durch die hohe thermische Beanspruchung in Form des Laserfügeprozesses. Die Heizrohre für die ‚Beschichtungsanlage' wurden mit dem gleichen Versuchsaufbau wie die Rohre für die ‚Aluminiumschmelze' gefügt. Auch hier sind beide Diodenlaser zum Einsatz gekommen.

Zum Testen der gefügten Heizrohre wurde von einem Projektpartner eine Hochvakuum-Testanlage in Anwendungsgröße einer realen Beschichtungsanlage von bis zu 1 m Rohrlänge aufgebaut. Die ersten Tests fanden aus Vergleichsgründen unter oxidierenden Bedingungen in Luftatmosphäre statt. Die Heizrohre konnten auf Grund der technischen

Randbedingungen bis zu einer maximalen Temperatur von circa 300 °C aufgeheizt werden. Auch bei diesen Versuchen wurden die Oberflächentemperaturen mit Hilfe der Thermokamera aufgezeichnet (Abbildung 89).

Da die hier getesteten Rohre jedoch über Bohrungen entlang der Längsachse verfügen, ergibt sich die Möglichkeit, die Temperaturen im Inneren des Heizrohres miteinander zu vergleichen. Da für die Innenseite der Rohre die Randbedingung „Schwarzer Strahler" gilt, ist der Emissionskoeffizient bekannt (ε = 1). Der Abbildung 89 ist zu entnehmen, dass sich die Temperaturen im Rohrinneren, ersichtlich aus den gleichen Farben in den Bohrungen, über die Längsachse nicht signifikant unterscheiden. Der Übergang der beiden Rohrsegmente in Form der Fügenaht hat somit keinen wesentlich höheren Widerstand als die Keramik selbst. Mit einem zusätzlichen Thermoelement wurde in dem Heizrohr eine vergleichende Temperatur zu den Thermokamerawerten bestimmt. Beide Temperaturen stimmten hinreichend gut überein.

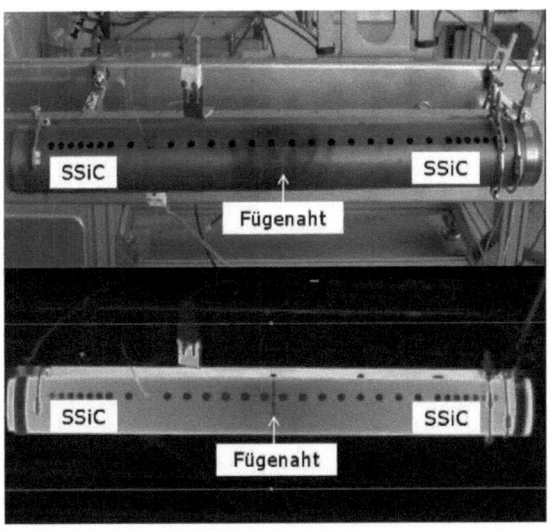

Abbildung 89 Heizrohr im Versuchsstand mit Wärmebild bei T_{max} = 200 °C

Die Funktionstests bei Temperaturen bis zu 700 °C unter Vakuumbedingungen wurden vom Projektpartner durchgeführt und auch ausgewertet. Um reale Einsatzbedingungen zu simulieren, sind die Rohre Lastwechsel-Experimenten ausgesetzt gewesen. Dazu wurden die Rohre An- und Abfahrvorgängen (von 150 °C auf 700 °C in 10 bis 20 Zyklen) unterworfen. Die Auswertung der Untersuchungen ergab, dass keinerlei Hinweise auf Ermüdung oder Parameteränderung der Fügezone auftraten. Dies gilt sowohl für die mechanische Festigkeit, als auch für den elektrischen Widerstand. Erste Bedampfungsprofile zeigen ebenfalls keine negativen Unterschiede zu den herkömmlich gefügten Rohren.

Optische Bewertung der gefügten Heizleiter

Die folgenden Bilder (Abbildung 85-87) zeigen den gesamten LPSSiC-Heizleiter für die Laboranlage mit den Fügezonen. Die Gesamtlänge des Heizelementes beträgt 240 mm, wobei der U-förmige rechte Teil aus LPSSiC und die kleineren Kontaktelemente (links) aus dem Kompositwerkstoff bestehen. In den Nahtbereichen sind Verfärbungen zu sehen, die durch die Laserstrahlung hervorgerufen werden. Es ist zu erkennen, dass mit der Scan-Figur ‚Ellipse' gearbeitet wurde. Im zweiten Bild ist die SiC-SiC-Mittelverbindung vergrößert dargestellt. Die Scan-Figur ist auch hier deutlich sichtbar. In der Naht lässt sich aufgeschmolzenen Lot erkennen, welches gleichmäßig im Fügespalt verteilt ist. In der nächsten Abbildung ist die LPSSiC-Komposit-Verbindung zu sehen.

Abbildung 90 Vollständiger Heizleiter aus LPSSiC mit Anschlusselementen

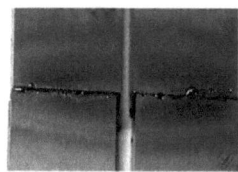

Abbildung 91 SiC-SiC-Mittelnaht des keramischen Heizleiters

Abbildung 92 LPSSiC-Komposit-Verbindung des Heizleiters

Da die Stückzahl der zu fertigenden Heizrohre stark limitiert war, konnten keine Schliffproben zur Bewertung der Nahtqualität angefertigt werden. Die folgenden Bilder (Abbildung 88-91) zeigen Nahtoberflächen, wie sie im Laufe der experimentellen Phase entstanden sind. Es ist zu erkennen, wie sich mit fortschreitendem Kenntnisstand die Nahtqualität reproduzierbar verbessert hat.

Die Abbildung 93 zeigt ein in der ersten Phase gefügtes Rohrsegment, bei dem sowohl die Lot- als auch die Laserparameter noch nicht optimal auf die zu fügende Keramik eingestellt waren. Das Lot ist während des Fügens aufgeschäumt und vollständig mit Blasen durchsetzt.

In der Abbildung 94 und Abbildung 95 sind Nähte wiedergegeben, deren Qualität als gut bewertet werden kann. Es gibt keine Schädigungen der bestrahlten Keramikoberflächen, das Lot ist gleichmäßig verteilt und füllt den Fügespalt vollständig aus. Geringe überschüssige Lotmengen beeinträchtigen den guten Gesamteindruck nicht. Die Abbildung 96 dokumentiert eine optimale Qualität.

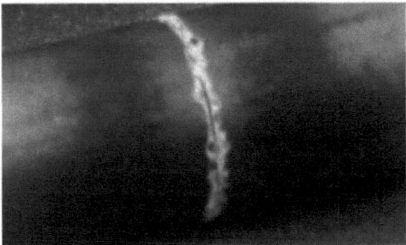

Abbildung 93 Lasergefügtes Heizrohr (SSiC-SSiC), mangelhafte Nahtqualität

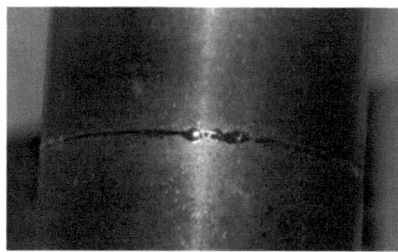

Abbildung 94 Lasergefügtes Heizrohr (SSiC-SSiC), gute Nahtqualität

Abbildung 95 Lasergefügtes Heizrohr (SSiC-Komposit), gute Nahtqualität

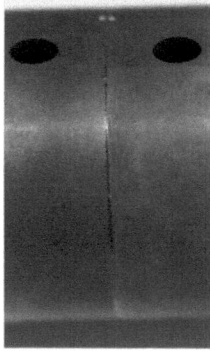

Abbildung 96 Lasergefügtes Heizrohr (Verdampfer), gute Nahtqualität

5. Zusammenfassung und Ausblick

Metallische Werkstoffe können in der Hochtemperatur-Energietechnik aufgrund ihrer unzureichenden chemischen und thermischen Beständigkeit nur begrenzt eingesetzt werden. Keramische Materialien gewinnen somit in der Energietechnik zunehmend an Bedeutung. Nichtoxidkeramiken, wie z. B. drucklos gesintertes SiC (SSiC) und flüssigphasen gesintertes SiC (LPSSiC) rechtfertigen durch die gute Wärmeleitfähigkeit, Strahlenresistenz, mechanische Festigkeit, Korrosions- und vor allem Temperaturbeständigkeit die Anwendung besonders im nuklearen Bereich der Energiegewinnung. Die SiC-Keramiken zeichnen sich dadurch aus, dass sie auch im Temperaturbereich um 1000 °C resistent gegenüber vielen chemisch aggressiven Stoffen und gegenüber radioaktiver Strahlung sind. Durch eine fehlende Fügetechnologie konnte das Potential dieser Werkstoffe bisher nicht vollständig ausgeschöpft werden. Mit dem Verfahren des Laserstrahlfügens der Keramiken können feste Verbindungen hergestellt werden, die auch unter Extrembedingungen den Anforderungen gerecht werden. Vorteile dieses Verfahrens sind die lokale Aufheizung der Fügezone und kurze Prozesszeiten. Des Weiteren wird keine Schutzgasatmosphäre benötigt und es ist keine Probenvorbehandlung erforderlich. Da sowohl Keramiken als auch die Fügenähte elektrisch leitfähig gestaltet werden können, wird durch das Laserfügen auch die Herstellung kompliziert geformter funktionaler Elemente, wie z. B. vollkeramische Heizelemente oder vollkeramische Temperatur- und Gassensoren für die Hochtemperatur-Energietechnik möglich. Als Ausgangsmaterial für die Fügeversuche wurde dotiertes und dadurch in seiner elektrischen Leitfähigkeit verbessertes SiC verwendet. Das Ziel der Lotentwicklung bestand darin, ein Glas-Keramik-Lot zur Verfügung zu stellen, das sowohl hinsichtlich seiner thermo-mechanischen als auch seiner elektrischen Eigenschaften an die der Keramik angepasst ist. Unter Nutzung der Ergebnisse früherer Arbeiten wurde das Basislot aus dem System Y_2O_3-SiO_2-Al_2O_3 ausgewählt. Die Anpassung der elektrischen Leitfähigkeit erfolgte durch das Zumischen einer elektrisch hoch leitfähigen keramischen Komponente zum Basislot. Als sehr gut geeignet erwies sich Molybdändisilizid ($MoSi_2$). Die hervorragende elektrische

Leitfähigkeit resultiert aus einem hohen Anteil an Elektronenleitung im $MoSi_2$. Da Molybdändisilizid eine Liquidustemperatur von 2030 °C besitzt und außerordentlich oxidationsbeständig ist, verhält es sich während des Fügeprozesses inert, das heißt es schmilzt nicht auf und reagiert auch chemisch nicht mit dem oxidischen Basislot. Darüber hinaus führt eine homogene Verteilung zu einem maximalen Anstieg der Leitfähigkeit. In umfangreichen Mischtests konnte eine optimierte Mischprozedur ermittelt werden, die zu einer weitestgehend homogenen Verteilung führt. In den Verbindungen konnte bei einer maximalen Zumischung von 10 vol-% $MoSi_2$ in dem Grundlot der gewünschte spezifische Widerstand eingestellt werden. Die Keramikverbindungen der unterschiedlichen SiC-Qualitäten zeigen eine sehr gute Benetzung des Lotes im Bereich oberhalb der Liquidustemperatur. Die lasermikroskopische Untersuchung der Fügezone ergab, dass sich ein spitzer Benetzungswinkel von $\theta = 27°$ ausbildet und damit von einer vollkommenen Benetzung der SSiC- und LPSSiC-Keramik durch die schmelzflüssige Phase des Lotes gesprochen werden kann. Nach Abschluss der Laserarbeiten der kleinen Probekörper sind in Anlehnung an die DIN EN 843-1 Biegespannungen anhand von Vier-Punkt-Biegetests ermittelt worden. Prinzipiell kann anhand der Festigkeitswerte bei beiden SiC-Typen von einer mechanisch erfolgreichen Fügung ausgegangen werden. Die Ergebnisse der Festigkeitsuntersuchungen haben gezeigt, dass die Einbringung der duktilen Phase ($MoSi_2$) in das Grundlot die Festigkeit steigert. Werden die elektrisch leitfähigen Partikel homogen in dem Basislot verteilt, so kann eine der mittleren Festigkeit erzielt werden, die Streuung der Werte nimmt allerdings zu. Die SSiC-SSiC-Verbindungen haben mittlere Festigkeitswerte von 167 MPa erreicht, das entspricht 56 % der Ausgangsfestigkeit. Die LPSSiC-Proben erreichten durch die bessere chemische Kompatibilität 65 % der Festigkeit des ungefügten Materials. Die Bruchflächen aller Biegestäbe zeigen, dass der Bruch bevorzugt in dem SiC-Material stattfindet. Nach Ermittlung der spezifschen elektrischen Widerstände der gefügten Proben kann gesagt werden, dass ein hinreichend guter elektrischer Kontakt zwischen den Verbindungen besteht, wobei die Lote mit dem elektrisch leitfähigen Zusatz erwartungsgemäß einen geringeren Übergangswiderstand an der Kontaktfläche aufweisen. Die spezifischen elektrischen Widerstände der Proben mit leitfähigen Partikeln liegen im Bereich des ungefügten, das heißt des Ausgangsmaterials. Das LPSSiC zeigt generell höhere Widerstandwerte und größere Streuungen, verglichen mit dem SSiC, so dass der Einfluss des Glaslotes für diesen Werkstoff vernachlässigt werden kann. Es konnte festgestellt werden, dass die Mischgüte einen signifikanten Einfluss auf den spezifischen Widerstandswert hat. Betrachtet man die Standardabweichungen, so wird festgestellt, dass die SSiC-Proben eine geringere Streuung der Widerstände aufweisen. Daher fiel die Entscheidung die großformatigen Bauteile für die Prototypenfertigung aus SSiC herzustellen. Die weiterentwickelte Technologie des Laserfügens wurde nach Abschluss der Untersuchungen an den kleinformatigen Bauteilen auf großformatige übertragen. Die gefügten rohrförmigen Heizelemente anhand weiterer Tests auf ihre Funktionsfähigkeit getestet. An die Heizleiter wurde eine Startspannung von 62 V angelegt und diese langsam erhöht. Bei einer Temperatur von ca. 600 °C sank der elektrische Widerstand der Keramik auf 2,3 Ω. Damit floss ein Strom von 29,3 A und es ergibt sich für diesen Heizleiter eine elektrische Leistung von ca. 1990 W. Ein Vergleich mit dem innen an der Naht angebrachten Thermoelement zeigt, dass kein signifikanter Temperaturunterschied zwischen Fügezone und gefügtem Material auftritt. An freier Atmosphäre konnten die Heizelemente mit einem ungedämmten Versuchsstand bis 750 °C aufgeheizt werden. Im Vakuum wurden die Heizer anwendungsbedingt bis 700 °C betrieben. Zyklisches An- und Abfahren der Anlage mit den SSiC-Rohren von 150 °C auf 700 °C haben keinerlei Hinweise auf Ermüdung oder Parameteränderung der Fügestelle geliefert. Mit dem Finite-Elemente-Code COMSOL wurden verschiedene Modelle zum Fügeprozess (Gestaltung der Nahtgeometrie, Energieeintrag der Laserstrahlung und Temperaturfeldausbreitung während des Fügeprozesses) erstellt. Die Modellkonsistenz konnte anhand von experimentellen Daten nachgewiesen werden.

Die gewonnenen Ergebnisse zeigen, dass die hier eingesetzte Laserfügetechnologie gut geeignet ist, um mittels Hochtemperaturlöten elektrisch leitfähige Keramiken miteinander zu verbinden. Dies eröffnet neue Möglichkeiten zur kostengünstigen und effizienten Herstellung einer ganzen Palette von Hochtemperatursensoren, wie sie in der Energietechnik und vor allem im Bereich der Hochtemperaturreaktortechnik benötigt werden. Diese selbstversorgenden Messsysteme können demzufolge maßgeblich zur Sicherheit von Reaktoren und deren peripheren Anlagen beitragen. Die für die Laserfügeprozesse bei den Nichtoxidkeramiken LPSSiC und SSiC gesammelten Erfahrungen bilden die Basis, um das Verfahren auch für das Fügen von oxidkeramischen Werkstoffen zu modifizieren. Nutzt man die selektive Sauerstoff-Ionenleitfähigkeit von yttriumstabilisiertem Zirkondioxid (ZrO_2) in Kombination mit dem Isolatormaterial Aluminiumoxid (Al_2O_3), so kann daraus ein Messsystem zur Bestimmung des Sauerstoffpartialdruckes („Lambda-Sonde") realisiert werden. Kombiniert man, durch unterschiedliche Dotierung erzeugte p- und n-leitende Keramiken miteinander, so kann man daraus auch thermo-elektrische Generatoren entwickeln, die im Hochtemperaturbereich in der Lage sind, aus einem Wärmestrom eine elektrische Spannung zu generieren. Solche Systeme wären, in Kombination mit einem Messfühler in der Lage, Messsignale unabhängig von externen Spannungsquellen zu liefern. Dies ist insbesondere für die Beherrschung von Störfallsituationen aber auch für den Normalbetrieb von Interesse. Dennoch bedarf es in Zukunft einer Vielzahl von Untersuchungen und Forschungsaktivitäten, die die Funktion und Stabilität solcher keramischen Komponenten in einem Reaktorsystem der Generation IV oder anderen Anlagen der Hochtemperatur-Energietechnik nachweisen. Für die Ermittlung der Langzeitstandfestigkeit dieser gefügten vollkeramischen Bauteile müssen Belastungstests in unterschiedlichen Atmosphären im Temperaturbereich über 900 °C durchgeführt werden.

Aufbauend auf den bisherigen Erfahrungen im Bereich der keramischen Bauteilentwicklung für nukleare Hochtemperaturanwendungen werden die Forschungs- und Entwicklungsarbeiten aktuell in zwei Zielrichtungen weitergeführt:

- Ermittlung der maximalen Lastparameter, welche die Fügeverbindungen standhalten müssen und
- Erschließung weiterer Applikationen für laserbasierte Fügetechnologien durch anwendungsorientierte Weiterentwicklung der Technologie.

Für die Ermittlung der Langzeitstandfestigkeit gefügter vollkeramischer Bauteile müssen Belastungstests in unterschiedlichen Atmosphären im Temperaturbereich über 900 °C durchgeführt werden. Als Testatmosphären werden oxidierende, reduzierende Atmosphären und Helium-Atmosphäre (z. T. mit oxidierenden und reduzierenden Verunreinigungen) empfohlen.

Erste Ergebnisse für die Belastung gefügter Bauteile in einer Rauchgasatmosphäre (Gasbrenner) bei 950 °C zeigen, dass blasen- und porenfreie Fügenähte nach 50 Stunden keiner thermischen Veränderung unterliegen. Andererseits sind Blasen, die während des Fügeprozesses in die Naht eingebracht wurden Ausgangspunkt für die eskalierende Entwicklung von Fehlstellen in der Fügenaht. Im Bereich der während der Laserbestrahlung entstandenen primären Gasblasen haben sich infolge der thermischen Auslagerung Wechselwirkungszonen mit weiterer Gasbildung herausgebildet. Gegenstand künftiger Untersuchungen sollte es deshalb sein, die Wechselwirkungen zwischen schädigender Atmosphäre und primären Gasblasen verstärkt zu analysieren sowie Methoden zu entwickeln, die nur unter bestimmten Prozessbedingungen entstehenden Blasen während des Fügeprozesses gezielt zu unterdrücken.

6. Literaturverzeichnis

[AKS, 92] Akselsen, O.M.: Advances in brazing of ceramics. In: Journal of Materials Science, 1992, pp. 1989-2000.

[APP, 84] Appen, A. A.; Petzold, A.: Hitzebeständige Korrosions-, Wärme- und Verschleißschutzschichten. 2. Aufl. Leipzig, Deutscher Verlag für Grundstoffindustrie, 1984.

[ASH, 01] Ashcroft, N.W.; Mermin, N.D.: Festkörperphysik. Oldenbourg Wissenschaftsverlag, München, Wien, 2001.

[BAR, 97] Baron, B.; et al.: SiC Particle Reinforced Oxynitride Glass: Processing and Mechanical Properties. In: Journal of the European Ceramic Society 17, 1997, pp 773-780.

[BEH, 04] Behnke, L.; Schulenberg, T.; Hofmeister, J.; Löwenberg, M.: Was ist Generation IV? In: Wissenschaftliche Berichte des Forschungszentrums Karlsruhe, FZKA 6967, 2004, S. 18-21.

[BEC, 93] Beckert, M.; Neumann, A.: Grundlagen der Schweißtechnik; Verlag Technik GmbH Berlin, 1993.

[BLU, 07] Blugan, G.; et al.: Brazing of silicon nitride ceramic composite to steel using SiC-particles-reinforced active brazing alloy. In: Ceramic International 33, 2007, pp 1033-1039.

[BOR, 88] Boretius, M.; Lugscheider, E.: Aktivlöten – Stoffschlüssiges Fügen keramischer Werkstoffe untereinander und mit Metall. In: Neue Werkstoffe. Einsatzgebiete heute–Anwendungsmöglichkeiten morgen, Proc. München, Düsseldorf: VDI-Verlag (VDI-Bericht Nr. 670), S. 699-713.

[BOR, 95] Boretius, M.; Lugscheider, E.; Tillmann, W.: Fügen von Hochleistungskeramik, Verfahren-Auslegung-Prüfung-Anwendung. Düsseldorf, VDI-Verlag, 1995, S. 42-207

[BÖR, 10] Börner, F.-D.; Lippmann, W.; Hurtado, A.: Laser-joined Al_2O_3 and ZrO_2 ceramics for high temperature applications. In: Journal of Nuclear Materials, Vol. 405, Elsevier, 2010. p. 1-8

[BRE, 03] Brevier: Technische Keramik, Verband der keramischen Industrie e. V., Fahner Verlag Lauf, 4. Auflage, 2003.

[BUN, 10] Bundesministerium für Wirtschaft und Technologie (BMWi), Bundesministerium für Umwelt, Naturschutz und Reaktorsicherheit (BMU). In: Energiekonzept für eine umweltschonende, zuverlässige und bezahlbare Energieversorgung, Berlin, 2010, S. 3-13.

[BÜR, 06] Bürgel, R.: Handbuch Hochtemperatur-Werkstofftechnik. 3. Auflage, Vieweg Verlag, Wiesbaden, 2006.

[BUS, 99] Buschke, I.: Entwicklung von Ni-Hf-Basisloten zum Hochtemperaturfügen von korrosions- und temperaturbeständigen Werkstoffen. In: Dissertation, Aachen RWTH, 1999.

[COR, 94] Cordes, R.; Suthoff, B.: Reibschweißen mit fast allen Werkstoffen; Konferenz-Einzelbericht: DVS- Berichte, Band 162, 1994, S. 194- 197.

[COP, 76] Coppola, J.A.; McMurtry, C. H.: Substitution of ceramics for ductile materials in design. In: National symposium on "Ceramics in the service of man", Washington D.C., Carnegie Institution, 1976.

[DIT, 07] Dittmann, A.; Beckmann, M.: Die Hochtemperatur-Energietechnik aus thermodynamischer Sicht. In: 39. Kraftwerkstechnisches Kolloquium – Verfahren und Anlagen der Hochtemperaturenergietechnik: Stand und Entwicklungsperspektiven. Tagungsband Kraftwerkstechnisches Kolloquium. Dresden, 2007, S. 1-16.

[ESS, 91] Essa, A. A.; Bahrani, A. S.: The Friction Joining of Ceramics to Metals; Journal of Materials Processing Technology, Elsevier, 26, 1991, pp. 133- 140.

[FAB, 01] Fabrichnaya, O.; Seifert, H.-J.; Weiland, R.: Phase equilibria and thermodynamics in the Y_2O_3-Al_2O_3-SiO_2 system. In: Zeitschrift für Metallkunde 9, 2001, S. 1083-1097.

[GLE, 98] Gleisberg, O.; Knorr, J.; Kretschmer, S.; Ringel, H.: Untersuchungen zum Einsatz keramischer Materialien für innovative Brennstabkonzepte für Leichtwasserreaktoren. In: Abschlussbericht, TU Dresden, Institut für Energietechnik, BMBF-Fördervorhaben 15NU0966, 1998, S. 22-25.

[GRÄ, 06] Grätz, W.: Keramische Brennelemente für Kugelhaufen-Druckwasserreaktoren mit inhärenten Sicherheitseigenschaften. Dissertation, Rheinisch-Westfälische Technische Hochschule Aachen, 2006.

[GRE, 96] Greitmann, M. J.: Advance in friction welding and ultrasonic welding of ceramics to metals; Ceramic Joining, Ceramic Transactions Band 77, 1996, pp. 165-176.

[GUB, 99] Gubanov, V.A.; Fong, C.Y.: Doping in cubic silicon-carbide. In: Applied Physics Letters, Volume 75, No. 1, 1999, pp. 88-90.

[GUL, 72] Gulbransen, E. A.; Jansson, S. A.: The High-Temperature Oxidation, Reduction, and Volatilization Reactions of Silicon and Silicon Carbide. In: Oxidation of Metals, Vol. 4, No. 3, 1972, pp. 181-201.

[GÜN, 78] Günther, W.-D.; Mehlhorn, H.; Wiesner, P.: Diffusionsschweißen; VEB Verlag Technik, Berlin, 1978.

[HAF, 98] Haferkamp, H.: Laserstrahlfügen von Keramik mit Metall. In: DVS-Berichte, Band 192, ISSN 0418-9639, Aufl. Düsseldorf: 1998, S. 149-154.

[HEL, 01-1] Helbig, J.; Schönholzer, U.: Grundzüge der Keramik. In: Skript zur Vorlesung Ingenieurkeramik I, ETH Zürich, 2001.

[HEL, 01-2] Helbig, J.; Schönholzer, U.: Funktionskeramik. In: Skript zur Vorlesung Ingenieurkeramik III, ETH Zürich, 2001.

[HEN, 79] Hennicke, H.W.; Müller-Zell, A.: Fügetechnik von Siliciumnitrid bzw. Siliciumcarbid in Mischung und/oder in Kontakt mit hochschmelzenden Metallen und Legierungen. In: Fügen von Sonderkeramiken, DVS 66, 1979, S. 104-108.

[HEN, 81] Hennicke, H.W.; Müller-Zell, A.; Siebels, J.: Fügetechnik von Siliziumnitrid und Siliziumkarbid untereinander und mit Metallen. In: Ke-

	ramische Komponenten für Fahrzeug-Gasturbinen II, Statusem. des BMFT 1980, Berlin: BMFT, 1981, S. 535-560.
[HER, 99]	Hering, E.; Martin, R.; Stohrer, M.: Physik für Ingenieure, 7. Auflage, Springer Verlag, 1999.
[HES, 92]	Hesse, A.: Fügen von SiC mit dünnen Zwischenschichten auf der Basis Y-Si-Al-O-N. In: Fortschrittsberichte VDI, Reihe 5, Grund- und Werkstoffe, Band 283, VDI-Verlag, Düsseldorf, 1992.
[HES, 93]	Hesse, A.; Hennicke, H.W.: Joining technique for using this ceramic interlayers based on Si-Al-O-N. In: Joining Ceramics, Glass and Metal, Proc. 4th International Conference, Königswinter, 1993, Frankfurt/Main, Verlag d. Dt. Glastechnischen Gesellschaft, 1993, S. 264-271.
[HÖH, 93]	Höhne, D.; Dusdorf, W.: Solder glass for joining aluminium nitride ceramics. In: Joining Ceramics, Glass and Metal, Proc. 4th International Conference, Königswinter, 1993. Frankfurt/Main, Verlag d. Dt. Glastechnischen Gesellschaft, 1993, S. 76-84.
[HON, 08]	Hong, P. K.; et. al.: Corrosion of the Materials in sulfuric acid. In: Proc. 4th International Topical Meeting on High Temperature Reactor Technology (HTR), paper-no. 58007, Washington, 2008.
[HOP, 85]	Hopkins, G.R.; Price, R.J.: Fusion reactor design with ceramics. In: Nuclear Engineering and Design/ Fusion 1/2, 1985, S. 111-143.
[HOR, 92]	Horn, H.: Reibschweißen; ein bewährtes Fügeverfahren; Preprint, Pumpentagung Karlsruhe 6.- 8. 10. 1992.
[HOV, 85]	Hoven, H.; Koizlik, K.; Liuke, J.; Nickel, H.; Wallura, E.: Materials for high heat flux components of the first wall in fusion reactors. In: KfK Jülich Forschungsberichte, Report-Nr. Jül-2002, 1985.
[HUR, 96]	Hurtado, A.: Untersuchungen zu innovativen Konzepten in der Kerntechnik – Beiträge zur zukünftigen Energieversorgung. In: Habilitationsschrift, RWTH Aachen, 1996, S. 113-128
[IHL, 04]	Ihle, J.: Phasenausbildung im System Al_2O_3-Y_2O_3-SiC und elektrische Eigenschaften von porösem flüssigphasengesinterten Siliciumcarbid. Dissertation, Technische Universität Bergakademie Freiberg, 2004.
[JUN, 88]	Jung, J; Reck, A.; Turwitt, M.: Keramik-Verbundtechniken für die Hochtemperaturanwendung. Technische Keramik, Vulkan-Verlag, Essen, 1988, S. 173-176.
[JUN, 00]	Junker, L.: Mikroprozesse der plastischen Verformung und des Bruchs von polykristallinem Molybdändisilizid. In: Dissertation, Martin-Luther-Universität Halle-Wittenberg, 2000.
[KAT, 07]	Katoh, Y.; Snead, L.L.; Henager Jr., C.H.; Hasegawa, A.; Kohyama, A.; Riccardi, B.; Hegeman, H.: Current status and critical issues for development of SiC composites for fusion applications. In: Journal of Nuclear Materials 367-370, 2007, pp 659-671.
[KEY, 11]	Keyence Deutschland: Digitale Mikroskopie. Betriebsanleitung, 2011
[KHA, 07]	Khammas, A.A.W.: Buch der Synergien, Teil C, Neue Ansätze der Batterietechnologie. Ebook, Syrien, Damaskus, 2007.

[KIE, 10] Kieback, B.; Weißgärber, T.: Werkstoffe der Energietechnik II. In: Vorlesungsunterlagen, TU Dresden, Institut für Werkstoffwissenschaft, 2010.

[KIM, 00] Kim, H.-W.; Koh, Y.-H.; Kim, H.-E.: Oxidation behavior and effect of oxidation on strength of Si_3N_4/SiC nanocomposites. In: Journal of Materials Research, Vol. 15, No. 7, 2007, pp. 1478-1482.

[KNO, 02] Knorr, J.; Lippmann, W.; Wolf, R.; Rasper, R.: Entwicklung von lasergeschweißten, korrosions- und hochtemperaturbeständigen Keramikkapselungen für den sicheren Einschluss radioaktiver Materialien. In: Abschlussbericht, Förderkennzeichen: 4-7531.50-03-0370-00/1, Dresden, 2002, S. 24-49.

[KOL, 04] Kollenberg, W. (Hrsg.): Technische Keramik, Grundlagen, Werkstoffe, Verfahrenstechnik. Vulkan-Verlag GmbH, Essen, 2004.

[KOR, 85] Korb, L.J. et. al.: Das Hitzeschutzsystem der Weltraumfähren. In: Physik in unserer Zeit 16, 1985, S. 78-85.

[KRS, 96] Krstic, V.D.; Vlajic, M.D.; Verrall, R.A.: Silicon carbide ceramics for nuclear application. In: Advanced Ceramic Materials, Vol. 122-124, 1996, pp 387-398.

[KUC, 01] Kuchling, H.: Taschenbuch der Physik. 17. Auflage, Fachbuchverlag Leipzig im Carl Hanser Verlag, 2001.

[LIN, 91] Lindner, H.P.; Köhler, G., F.B.: Fügen von Siliciumcarbidkeramik. Düsseldorf, DVS-Verlag 1991 (DVS-Berichte, Band 137), 1991, S. 109-116.

[LIP, 07] Lippmann, W.; Reinecke, A.-M.; Wolf, R.; et. al.: Laserfügen von Keramiken. In: DKG, Symposium Thermische Verfahrenstechnik in der Keramik, Erlangen, 2007.

[LUG, 91] Lugscheider, E.; Tillmann, W.: Fügen von Keramik bei Einsatztemperaturen oberhalb 800 °C. In: Proc. 2. Symposium Materialforschung 1991 des BMFT, Band 2, Dresden, Verlag TÜV Rheinland, 1991, S. 1239-1260.

[LUG, 92] Ludscheider, E.; Tillmann, W.: Fügen von Keramik bei hohen Betriebstemperaturen. In: Werkstoff und Innovation 5, 1992, S. 43-49.

[LUG, 93] Lugscheider, E.; Tillmann, W.; Broich, U.: Interfacial reactions between active filler metals and high performance. In: Joining Ceramics, Glass and Metal, Proc., Frankfurt/Main, Verlag d. dt. Glastechnischen Gesellschaft, 1993, S. 125-133.

[MAI, 93] Maier, J.: Defektchemie: Zusammensetzung, Transport und Reaktionen im festen Zustand – Teil I. In: Thermodynamik, Angewandte Chemie, 105. Jahrgang 1993, Heft 3, VCH Verlagsgesellschaft mbH, Weinheim, 1993, S. 333-482.

[MAR, 95] Marx, G.: Akzeptor – Wasserstoff – Komplexe und spannungsinduzierte elektrische Feldgradienten in Silizium und Germanium. In: Dissertation, Rheinische Friedrich-Wilhelms-Universität, Bonn, 1995.

[MAL, 95] Maloletov, M. P.: Theoretical fundaments and technology of electron beam welding ceramics to metals; Welding International, Band 9 (3), 1995, pp. 237-239.

[MAY, 08] Mayer, H.: Fügen von Oxidkeramik. In: cfi, Berichte DKG 85, No. 12, 2008, S. 23-26.

[MUN, 94] Munz, D. u. a.: Stresses near the free edge of the interface in ceramic-to-metal joints. In: Journal of the European Ceramic Society 5 (1994), S. 453-460.

[NAG, 99] Nagel, A.-M.: Laserstrahlschweißen von Aluminiumoxidkeramik. In: Dissertation, Technische Universität Ilmenau, 1999.

[NEW, 07] Newsome, G.; Snead, L.L.; Hinoki, T.; Katoh, Y.; Peters, D.: Evaluation of neutron irradiated silicon carbide and silicon carbide composits. In: Journal of Nuclear Materials 371, 2007, pp 76-89.

[NIC, 90] Nicholas, M.G.: Active Metal Brazing. In: Nicholas, M.G. (Hrsg.): Joining of ceramics. Cambridge/GB: Institute of Ceramics, Advanced Ceramic Reviews, 1990, S. 73-92.

[NIT, 04] Nitsche, C.: SiC für industrielle Anwendungen. In: Seminarunterlagen, Technische Keramik in der Praxis, 2004, S. 465-501.

[NIT, 93] Nitzsche, K.; Ullrich, H.-J.: Funktionswerkstoffe der Elektrotechnik und Elektronik. Deutscher Verlag für Grundstoffindustrie, 2. Auflage 1993.

[PAI, 98] Pai, C.-H.: Thermoelectric Properties of P-type Silicon Carbide. In: Proc. 17th International Conference on Thermoelectrics, 1998, pp. 582-586.

[PAU, 74] Paul, R.: Halbleiterphysik. Verlag Technik Berlin, 1974.

[POR, 84] Porz, F.; Grathwohl, G.; Hamminger, R.: Siliziumkarbid als Strukturmaterial im Bereich der ersten Wand von Kernfusionsanlagen. In: Journal of Nuclear Materials 124, 1984, S. 195-214.

[PRO, 74] Prochazka, S.: Sintering of SiC, Burke, J.J. (Hrsg.); Gorum, A. (Hrsg.) u.a.: Ceramic for high performance applications. In: Metals and Ceramics Information Center, Columbus/USA, 1974, pp 239-252.

[RAC, 85] Racho, R.; Kuklinski, P.; Krause, K.: Werkstoffe für die Elektrotechnik. Deutscher Verlag für Grundstoffindustrie, Leipzig, 1985.

[SAL, 82] Salmang, H.; Scholze, H.: Keramik, Teil 1: Allgemeine Grundlagen und wichtige Eigenschaften. Springer-Verlag Berlin, Heidelberg, New York, 6. Auflage, 1982, S. 259-264.

[SAL, 83] Salmang, H.; Scholze, H.: Keramik, Teil 2: Keramische Werkstoffe. Springer-Verlag Berlin, Heidelberg, New York, 6. Auflage, 1983, S. 210-215.

[SAT, 97] Satir, A.; Lüthi, T.; Primas, R.; Roth, M.: Hochtemperaturbeständige Keramik-Metall-Verbindungen. In: Technica 24, 1997, S. 34-37.

[SCH, 07] Schnabel, P.: Elektronik-Fibel. Books on Demand GmbH, Norderstedt, 4. Auflage, 2007, S. 111-113.

[SCH, 79] Schlichting, J.: Siliciumcarbid als oxidationsbeständiger Hochtemperaturwerkstoff: Oxidations- und Heißkorrosionsverhalten, Teil 1. Bericht Dt. Keramische Gesellschaft 56 [8], 1979, S. 196-200, Teil 2: Bericht Dt. Keramische Ges. 56 [9], 1979, S. 256-261.

[SHA, 08]   Shayan, A.R.: Laserabsorption % for Si & SiC. Western Michigan University, 2008, pp. 19-25.

[SHA, 90]   Sharafat, S.; Ghoniem, N.M.; Yee, L.Y.: Silicon-carbide composite materials for the ARIES-I reactor study. In: Proc. of IEEE 13th Symposium on Fusion Engineering, Knoxfille, USA, Band 2, 1989, pp 1344-1347.

[SIM, 08]   Simchi, A.; Godlinsky, D.: Effect of SiC particles on the laser sintering of Al-7Si-0.3Mg alloy. In: Scripta Materialia, 2008, pp 199-202

[SIT, 05]   Sitte, G.; Uhlmann, M.: Umformen mit Widerstandsschweißmaschinen. In: Auszug aus Tagungsband JoinTec 2005, Halle (Saale), 2005.

[SKO, 79]   Skohan, A.: Keramische Materialien als Fusionsreaktorwerkstoffe (Literaturstudie). In: KfK Jahresbericht Report-Nr. 2826 B, Karlsruhe, 1979.

[SNE, 05]   Snead et al.: Ceramic Composites for Next Step Nuclear Power Systems. In: Euromat 2005, Prague, 4.- 8. Oct. 2005.

[SPI, 91]   Spindler, J.; Richter, S.: Fügen von Siliciumcarbid über chemisch-reduktiv abgeschiedene NiP-Zwischenschichten. In: Silikattechnik 5, 1991.

[TAK, 93]   Takashima, T.; Yamamoto, T.; Narita, T.: Metallizing of silicon-carbide ceramics with manganese vapour. In: Journal of Ceramic Society of Japan 2, 1993, S. 272-273.

[TAU, 93]   Tausch, M.; Wachtendonk, M. von: Chemie SII: Stoff – Formel – Umwelt. C.C. Buchner, Bamberg, 1993.

[TIL, 95]   Tillmann, W.; Lugscheider, E.: Entwicklung neuer Fügeverfahren zur Herstellung hochtemperaturbeständiger Keramik-Verbunde. In: VDI Berichte Nr. 1151, 1995, S. 275-287.

[TRE, 95]   Treusch, H.-G.; Junge, H.: Schweißen mit Festkörperlasern; VDI- Verlag, Düsseldorf, 1995.

[TRO, 97]   Troffer, T.; Schadt, M.; Frank, T.; et. al.: Doping of SiC by Implantation of Boron and Aluminum. In: Phys. Stat. sol. (a) 162, 1997, pp. 277-298.

[WEB, 98]   Weber, W.J.; et. al.: Radiation effects in crystalline ceramics for the immobilization of high-level nuclear waste and plutonium. In: Journal of Materials Research, Vol. 6, No. 6, 1998, pp. 1434-1484.

[WIE, 91-1]   Wielage, B.; Türpe, M.; Ashoff, D.: Löten von keramischen Werkstoffen. In: Bearbeitung, Fügen und Prüfen von Keramik, Düsseldorf, DVS-Verlag (DVS-Berichte, Band 137), 1991, S. 65-77.

[WIE, 91-2]   Wielage, B.; Ashoff, D.; Möhwald, K.; Türpe, M.: Fügen von Ingenieurkeramik – Möglichkeiten und Grenzen von Lötverfahren. In: VDI Berichte Nr. 883, 1991, S. 117-136.

[WIE, 90]   Wiesel, M.: Fügeverfahren an SiSiC-Bauteilen für Hochtemperaturanwendungen. Aachen, RWTH, 1990.

[WIE, 95]   Wiesner, P.: Aus der Gegenwart zur Zukunft. Anwendungen des Diffusionsschweißens; Schweizer Maschinenmarkt, Heft 50, 1995, S. 24- 26.

[WIR, 98] Wirth, H.: Elektrische und mikrostrukturelle Effekte in hochdotiertem 6HSiC nach Ionenimplantation. Dissertation, Forschungszentrum Rossendorf, 1998.

[WOL, 04] Wolf, R.; Rasper, R.; Knorr, J.; et. al.: Oxidische Syntheselote für die Konditionierung radioaktiver Materialien. In: Tagungsband Aufbereitung und Recycling, Freiberg, 2004, S. 37, 38.

[ZUC, 03] Zucker, A.: Neutronenphysikalische Auslegung eines schwerwassergekühlten Kugelhaufenreaktors mit nichtschmelzenden Kern. In: Berichte des Forschungszentrums Jülich (Berichtnummer: JÜL 4028), Institut für Sicherheitsforschung und Reaktortechnik, Jülich, 2003.

i want morebooks!

Buy your books fast and straightforward online - at one of world's fastest growing online book stores! Environmentally sound due to Print-on-Demand technologies.

Buy your books online at
www.get-morebooks.com

Kaufen Sie Ihre Bücher schnell und unkompliziert online – auf einer der am schnellsten wachsenden Buchhandelsplattformen weltweit! Dank Print-On-Demand umwelt- und ressourcenschonend produziert.

Bücher schneller online kaufen
www.morebooks.de

 VDM Verlagsservicegesellschaft mbH
Heinrich-Böcking-Str. 6-8   Telefon: +49 681 3720 174   info@vdm-vsg.de
D - 66121 Saarbrücken   Telefax: +49 681 3720 1749   www.vdm-vsg.de

Printed by Books on Demand GmbH, Norderstedt / Germany